气度

兰华◎编著

中国纺织出版社有限公司

内 容 提 要

　　人生的高度，取决于做人做事的气度，气度是一个人的态度，气度决定格局。一个人有多大的气度，就能干出多大的事业，我们也许不能改变世界，但可以改变自己。

　　本书围绕"气度"这一角度展开，分上下两篇，将做人的气度和做事的谋略进行了融合，将我们需要学习的"处世哲学"淋漓尽致地分析了出来，只要我们认真研读，相信会有更多收获。

图书在版编目（CIP）数据

气度 / 兰华编著.--北京：中国纺织出版社有限公司，2020.9
　ISBN 978-7-5180-7270-5

　　Ⅰ.①气… Ⅱ.①兰… Ⅲ.①个人—修养—通俗读物 Ⅳ.①B825-49

中国版本图书馆CIP数据核字（2020）第053808号

责任编辑：闫　星　　责任校对：高　涵　　责任印制：储志伟

中国纺织出版社有限公司出版发行
地址：北京市朝阳区百子湾东里A407号楼　邮政编码：100124
销售电话：010—67004422　传真：010—87155801
http://www.c-textilep.com
中国纺织出版社天猫旗舰店
官方微博http://weibo.com/2119887771
三河市延风印装有限公司印刷　各地新华书店经销
2020年9月第1版第1次印刷
开本：710×1000　1/16　印张：12
字数：163千字　定价：39.80元

　　人生在世，总结起来，无非就两件事——做人与做事。事实上，这两件事谁都会，但能将这两件事做到位却并非易事。的确，任何一个人，不管多能干，多聪明，条件多好，如果不懂得做人做事，那么只能是事倍功半，不仅不招人喜欢，最终还会落得个失败的结局。

　　有人说，做人，最重要的是两个字——态度，正确的态度，能引领我们获得幸福的人生；而做事，最重要的两个字是——方法，方法对了，也就有了攀登成功人生的砝码。做人和做事，我们总结成一句话就是——做人有气度，做事有谋略。我们发现，生活中，那些受人欢迎、幸福指数高的人多半都有这两个必杀技，他们无论是生活、感情还是事业都处理得游刃有余。

　　我们必须要承认，任何人，要想左右逢源，要想获得成功，要想获得他人肯定，都要展现出高素质和良好的涵养和魅力，都要有勇敢的品质、智慧的大脑和坚韧的意志力，而这些，就是我们所说的"气度"。

　　"气度"是一个人的态度，一个有良好气度的人，往往能静下心来认真思考。"气度"是一种做事的风格，一个有良好气度的人，对自己的人生有明确的规划，对自己有足够的信心，也有足够的毅力；一个有良好气度的人，往往有胆有识，勇气与谋略共存，他们坚持自己的品格，坚守自己的信念，不轻言放弃，总能为自己的事业找到合作伙伴和护航者；一个有良好气度的人，往往有大格局的智慧，自律自强，不怕外界的干扰，能避免很多不必要的麻烦和争吵，使得前进道路上的外部条件更好。

可见，你只有做到懂做人、会做事，你才拥有了笑傲职场、谋求幸福人生的重要资本。倘若你想做个幸福、聪明的人，倘若你想寻找到成功处世的捷径，倘若你想做到事业有成，倘若你想提升自己的幸福指数，那么，本书能为你提供有价值的参考，让你尽随心愿。

从这本书中，我们能认识到做人和做事的重要性，它不仅告诉我们应如何提升自身修养和气度，还对我们在成事、谋事上有一定的启发，旨在告诉我们如何做人和做事。读者朋友们只要认真阅读本书，相信一定能有所收获，能为你幸福和成功的人生增添砝码。

编著者

2020年3月

上 篇
有气度修内功：提升自身修养，修炼魅力气场

下篇
有气度懂处世：有勇有谋能成大事

上　篇

有气度修内功：
提升自身修养，修炼魅力气场

第1章

常怀"仁"厚之心，方能自在坦荡潇洒于世

儒家思想的核心就是"仁"。仁，是指人和人之间应该相亲相爱。孔子经过提取、归纳将其作为最高的道德标准。仁的思想，对中华民族文化和社会的发展产生了重大影响。历代统治者，都把其作为施政的指南。对于普通人来说，要想立于世间，就应该怀有一颗仁德之心，去尊重别人、关怀别人、包容别人。

德在于心，处处懂得自律

孔子说："德不孤，必有邻。"邻，不仅仅是指邻居，也指朋友和亲人。这句话的意思就是说有道德的人不会孤单，一定有志同道合的人和他相伴。从孔子这句话中我们可以得到这样的信息：一个人要想在这个社会上生存和发展，获得别人的认可和尊重，首先应该拥有一些必备的道德素质。假如一个人追求"孤德"的话，他自然就会被别人孤立和疏远，最终也必将成为孤家寡人。

儒家思想之所以能够在中国流传几千年，并且逐步成为中华民族传统文化的核心内容，是有着非常重要的原因的。除了历代统治者的推崇之外，还和它一直强调道德在人际关系中的作用有关。自孔子开始，历代儒家代表人物都一再强调道德的重要性。他们之所以看重道德的作用，是因为道德是人类生存于社会的理念，能够对人们的行为起到规范的作用。道德能够告诉人们，怎样做才能够获得别人的认可和尊重。

儒家在强调道德作用的同时，还时刻告诉人们如何加强道德修养。

孔子曾经说，要想提高道德修养，就应该做到"克己，慎独"。意思就是说，德在于心，要懂得处处自律，懂得自我约束。毕竟，道德不是法律，道德修养的高低靠的不是外在因素，而取决于一个人的自我约束能力的大小。如果一个人不检点，常常对自己放松要求，喜欢由着性子胡来，那么，他的道德修养就可想而知，他的人际关系恐怕也好不到哪儿去。

孔子还说过"纵心所欲，不逾矩"，这里的不逾矩就是说要有自律的精神。自律是什么？它是指在没有人监督的情况下，通过自己要求自己，变被动为主动，自觉地遵循原则，自己控制自己的一言一行。也可以说，自律就是一个人意识中的法律，它能够告诉我们怎样做是对的，怎样做是不对的。一个人的自律精神越强，他的道德修养也就越高。

我们来看一个故事。

清朝末年，庆亲王奕劻邀请湖广总督张之洞到军机处议事。张之洞来到了军机处门前，站在那里，不上台阶。别人再三邀请他也不肯。奕劻感到非常奇怪："张之洞你搞什么鬼呢，直接进来不就得了，还非得让我去请你啊？"这时候，另一个军机大臣瞿鸿机明白过来了，就让其他人到台阶下和张之洞谈话。

原来，雍正皇帝在位时，曾经御笔榜示内阁：军机重地，有上台阶者处斩。从雍正到光绪，将近两百年时间，这个规矩早就被人打破了，也很少有人能想起来，即使想起来了也不以为意：这都是老皇历了，当今皇上和太后也未必能记得这事儿，没有必要再按着雍正朝的规矩来要求自己。但是，张之洞却不这么认为，他觉得既然自己已经知道了这个事儿，就应该按照规矩办。因此，他说什么也不肯上台阶。

张之洞是什么人呢，他是清末三大总督之一，是洋务运动的中坚力量，是慈禧太后最信任的大臣之一，是可以在紫禁城内骑马行走的人。但是，他却没有因为自己的地位高而忽视了对自己的严格要求，仍时时处处告诫自己要克己慎独。这种自律精神，在纲纪败坏、人心松散的清朝末年的政坛上是不多见的。他能够得到慈禧的信任和大臣们的拥护，和这种自律的精神有着直接的关系。

我们讲张之洞的故事并不是告诉人们做事要墨守成规，不懂得变通，而是告诫人们做人要懂得克制自己，约束自己，不能因为自己的地位高、能力强、财富多等就肆意而为。一个人无论有着什么样的社会地位，都应该重视自己的道德修养，时刻约束自己。特别是对于一些有权有势的人来说，更需要如此。不要以为你有了权势，就有了践踏道德的资本和实力，如果你由着自己的性子来，不但会给别人带来伤害，也会给自己带来负面影响。这是一个非常简单的道理，也正因为如此，许多权倾朝野、富甲天下的人在取得了别人羡慕的东西的同时，非但没有放松对自己的要求，反而对自己要求更加严格。他们的这种精神，任何时候都不会过时，任何时候都值得学习。

我们生活的时代是科技时代，信息时代，民主时代。许多人都在追求自我和自由，这是社会进步的象征。不过，追求自由和自我，并不是放纵自己。

如果在放纵自己的前提下去追求所谓的自由和自我的话，那么，有些人就可能会越来越堕落，如果人人都在放松对自己的要求之下去追求自我和自由的话，那么，这个社会非但不会进步，反而会倒退。因此，越是在有条件追求自由和自我的时候，越是要有自律精神。

在自律中提升道德，是每一个人的正确选择。自律并不是所谓"存天理，灭人欲"，也不是刻意地去压制内心的想法。

其实自律非常简单，只要在平常的生活中多加注意就行了，如过马路时不要闯红灯、买票时不插队、和别人发生矛盾时不轻易起冲突等，当这些行为成为习惯的时候，我们的道德修养也就随之提高了。

具有人道，懂得帮助呵护他人

孔子认为"仁"是最高的道德标准。"仁"有着广泛的含义，最重要的一点就是"仁者爱人"，懂得关爱别人，呵护别人，体谅别人。这是对仁者最基本的道德要求，也是人们在处理人际关系时应遵守的重要原则。

要想成为一个仁者，就应该具有人道，尊重别人的生命，看重他人的所需。孔子的仁者爱人，不但体现在平日里的言谈之中，他在生活中也经常保持一颗仁慈之心。《论语·乡党》中有这样一句话："厩焚。子退朝，曰：'伤人乎？'不问马。"马厩着火了，孔子下朝回来，首先想到的是人有否伤着，而不是马。从这件事中，我们可以看出人在孔子心目中的重要性。

看完这个故事，许多人都会嗤之以鼻，着火了，当然要问问人的安危，这是很正常的事，犯得着为这点小事儿就鼓吹几千年吗，还有人认为，这是孔子的"炒作术"。说这话的人，只知其一，不知其二。须知，在孔子生活的时代，一个人的价值远远不如一匹马。据史料记载，当时，五个奴隶加上一束丝才能换回一匹马。那些生活在社会下层的奴隶，只被那些贵族们当成会说话的工具，他们的喜怒哀乐、生老病死是没有人去关心的。如果这件事发生在别人的家里，那些达官贵人们听说着火了，首先想到的可能就是"我的马怎么样了"，绝不会去关心养马人的死活，因为，人不值钱。也正是因为如此，孔子问人不问马才被当成一件大事被弟子们记下来。当我们了解了时代背景之后，还会怀疑孔子在炒作吗？

儒家人物都是一些谦恭儒雅的人，不过他们一旦遇到了不人道的事，就会表现得非常愤怒，有时候甚至还会破口大骂。比如，孔子在谈到殉葬制度的时候，就说了一句粗话："始作俑者，其无后乎？"意思就是"那些用俑作为殉葬的人，难道就不怕断子绝孙吗？"孔子为什么要痛骂那些用俑殉葬的人呢？这是因为作为陶人的俑虽然没有生命特征，但却是根据人的样子而制造出来的。用俑陪葬，就是在侮辱人的尊严。再者，俑出现之后，有些奴隶主贵族还不满足，仍会用活人来殉葬。当他们死的时候，会杀掉很多奴隶作为"牺牲品"，幻想着在阴间也能够有人侍奉自己。他们只知道逞自己一时的痛快，却不愿意花心思去考虑别人的感受，以血淋淋的惨状来作为自己的排场。因此，孔子对这些惨无人道的行为深恶痛绝，提起这些事情就禁不住大骂起来。

当然，随着社会的不断进步，殉葬这样的事再也不会发生了。不过，殉葬现象虽然消失了，但是殉葬的思想却在很多人的脑海之中扎下了根。有不少人为了自己的私利，想方设法去损害别人的利益，把自己的快乐建立在别人的痛苦之上。只要能够满足自己的欲望，哪怕害得别人家破人亡也毫不足惜。在历史上，这种例子比比皆是，在现实生活中也屡见不鲜。尽管形式各异，手法各异，但实质上却是一样的，他们都是一些自私自利、没有道德、缺乏人性的败类。他们的人品让很多人不齿，他们的行为让很多人痛恨。

实事求是地说，为自己谋取方便是人的天性。毕竟，每一个人都需要对自己的生命负责，有责任使自己有一个美好的生命历程，这是无可厚非的。不过，在追求利益的时候，我们需要考虑的不仅仅是自己的所求所需，还需要考虑一下别人的感受，万万不能以损害别人的利益为代价。因此，这就要求每一个人在追求自己想要的东西的时候，还要考虑一下这些追求是否会给别人带来伤害或者产生不利的影响。

不把自己的快乐建立在别人的痛苦之上是最基本的道德要求，也是人道主义最起码的准绳。当然，仅仅做到这些是远远不够的，我们在不侵犯别人利益的同时，还要对一些有困难的人提供力所能及的帮助，懂得关心和呵护身边的每一个人。毕竟，我们生活在同一个蓝天下，只有彼此之间相互照顾，这个社会才能更加和谐，生活才会更加美好。

有人总认为这是一个世风日下、人心不古、道德沦丧的时代，主动为别人着想、为他人分忧的高风亮节只是古代人才会做的事，在现实生活中却根本找不到几个真实的案例来。实际上，绝非如此。我们来看一个真实的故事。

有一天，曹兆蓉到温州出差洽谈业务，不幸遭遇车祸入院。几年后，高位截瘫的她，在医护人员的鼓励下奇迹般地坐了起来。在她住院的这两年时间里，她的老板彭先生给予她很多帮助，为了给她看病，花了将近一百万元。曹兆蓉非常感动，也觉得非常愧疚，有好几次，她哭着对老板说："你不要再管我了，我会拖垮你的。而且，我这辈子不可能再为你工作了，你的恩情此生我无法报答。"可是，老板却态度坚决地说"人生还有很多比钱重要的东西。相比起生命来说，钱又算得了什么。我不需要你的报答，只要你能够站起来，就是对我最好的安慰。"

彭老板的这种大仁大义的精神，不但感动了曹兆蓉，也感动了其他员工和社会上的人。假如我们是其中的一个员工，都会以这样的老板为荣。毕竟，和这样的老板在一起，心里感到踏实，因为他看重的不是钱，而是人。一个尊重别人、热情帮助别人的人是可敬的，也是可靠的。

我们要想在这个社会上更好地生存和发展，就应该用"仁者爱人"的思想来要求自己。做什么事，都不能以牺牲别人的利益为代价，在别人遇到困难的时候，应该热情、主动地帮助他们，为他们排忧解难。这样做，不但能够提升自己的道德境界，还能够为自己增加人气，让自己得到更多人的拥戴和尊敬。

仁者不以善心做坏事

《吕氏春秋·察微篇》中讲述了一个与孔子有关的故事："鲁国之法，鲁人为人臣妾于诸侯，有能赎之者，取其金于府。子贡赎鲁人于诸侯，来而让不取其金。孔子曰：'赐失之矣。自今以往，鲁人不赎人矣。取其金则无损于行，不取其金则不复赎人矣。'"

春秋时期，鲁国法律规定：鲁国人在其他的诸侯国中做了奴隶，如果能够有人帮助他们赎身的话，可以从鲁国的国库中领取酬金。孔子的弟子子贡是一个大商人，财大气粗，富可敌国。有一次，他从其他诸侯国赎回来一个做奴隶的鲁国人，但是，他觉得为了这点小事儿就去国库中领取报酬不是君子之为，于是，就拒绝了。孔子听说这件事之后，就对其他弟子说："不要让子贡来见我。"做了好人好事的子贡对此感到不解："我发扬风格，无私地帮助别人，夫子不表扬我也就罢了，为什么还不愿意见我，莫不是忌妒我有钱不成，"于是，他就冲破师兄弟的阻挠，来到孔子面前，理直气壮而又愤愤不平地询问原因。看着他那副倔强的样子，孔子又好气又好笑，于是告诉他："我不是批评你那颗善良的心，而是认为你这种做法欠妥当。虽然你很有钱，不在乎这点报酬。但是，你想过没有，你做好事不要报酬，固然会表现出你的大公无私，但是却会给别人带来压力。别人没有多少钱，根本学不了你。不学你，会让人觉得自己的道德品质不高尚。这样一来，鲁国人就再也不会赎人了。"

从这个故事的本身来说，子贡自掏钱财帮助别人无可厚非，但是却相应地提高了整个社会的行善成本，让很多财力不足而又有善心的人望而却步，好心反而促成了坏事。

孔子告诉我们：凡人行善，不可只看行为，还须看到它的流弊；不可只看现在，还须看到它的将来。若现行似善，而其结果足以害人，则似善而实非善。若现行虽然不善，而其结果有益于大众，则虽非善而实为善。诚然，作为一个仁者，应该积德行善，应该多多地帮助他人，为国家、为集体做出自己的一份贡献。但是，很多事并不是仅凭一腔热血、满脑善心就能解决的，当你行善的时候，还需要考虑一下别人的利益，想一下自己的行为是否会给别人的利益带来损失。如果有的话，就应该换一种让双方都能接受的方法，只有这样才能既不影响善举，也不会伤害他人。

时下，我们经常使用一个叫"道德大棒"的词语，来讽刺和挖苦那些站在道德制高点上对别人指手画脚的人。这些高举道德大棒的人或许出于一片善心，也做过这样或者那样的好事。但是，他们在做好事的时候，内心里被一种优越感所充斥，觉得自己道德高尚，大公无私，因此，就底气十足而又非常蛮横地去要求别人做这个或做那个，如果对方不按照他的意愿去做，他就会举起道德的大棒，满大街地追着人家喊打。用孔子的话说，这样的人就是典型的"德之贼也"。

积德行善是可以的，但是我们在行善的同时，还要考虑一下别人的感受和利益，绝不能因为善良的动机就去侵犯别人的正当利益。

2011年4月的一天，一辆装有500多只狗，从河南开往吉林的货车，被一批动物保护组织的志愿者拦住。他们要求司机将这些要被送往屠宰场的狗放生，原因是："狗是人类最好的朋友，杀狗很不人道。"面对这一群高尚的人，司机当然不愿意。把狗放了，固然会显示出自己的道德高尚，但是，人家还指望这500多只狗养家糊口呢。这些狗不是天上掉下来的，而是人家辛辛苦苦花钱买来的。放了之后，你让人家一家老小都去喝西北风啊？因此，司机坚决不同意，双方在高速公路上僵持了15个小时。在这15个小时里，志愿者们没闲着，而是忙着给笼子里的狗喂水，满脸的仁慈，满脸的关怀，却连司机看都不看一眼，而司机呢，却像一个犯人一样蹲在一边抽闷烟。

15个小时之后，志愿者们想出了一个法子，和司机达成协议。由两家机构共同出钱将这批狗全部买下来放生。事情到此才算得到了解决。

志愿者们拦车行善是仁者之举，他们的爱心值得人们尊敬。但是，这种粗暴的方式却难以让人接受：保护动物是应该的，也始终应该得到提倡。但是，商贩的利益是不是也要考虑一下？总不能为了几百只狗就让商贩血本无归吧？志愿者们的心是善良的，但是，有了善心并不意味着要无视他人的利益。试想一下，假如他们在拦车的时候就想到了这一点，还会在高速公路上僵持15个小时吗？

古人告诉我们："我欲仁而使人失其利，非忠恕之道也。"以破坏他人利益为目的的行善，绝非正人君子所为。这种行善的方式可以称为暴力行善，一个真正的仁者，是绝不会这样做的。

令以小孝为本，从亲人开始播种"仁"心

以孔子为代表的儒家学说中的道德，可以用八个字来概括：

孝、悌、忠、信、礼、义、廉、耻。这八种道德不是毫无次序的胡乱排列，而是有着先后的递进关系。在这里，孝是最重要的部分。孔子为什么要把孝放在第一位呢？这是因为，孝敬父母是最基本的道德要求，也是最基本的道德起点，只有懂得了孝，才有可能懂得忠、信、礼、义、廉、耻。一个没有孝心的人，是很难在其他方面有所成就的。

儒家十分重视家庭的作用，也时刻强调一个人在家庭中的贡献和责任。对于年轻人来说，最基本的一点就要做到孝敬父母。道理非常简单："连家人都不爱的人，怎么可能去爱别人呢？"因此，我们要想具备一颗仁义之心，就应该"入则孝、出则悌"，然后再"泛爱众而亲仁"。只有这样，才能够齐家，然后再去治国平天下。

孔子还一次次地强调"君君、臣臣、父父、子子"。后来，他的这个观点受到了不少诟病。许多人指责这是在维护封建纲常和等级制度。反对的人自然有其反对的道理，不过将这句话彻底否定却显得有失偏颇。孔子说这句话的意思并不是宣扬吃人的礼教和摧残人性的文化，而是在告诉人们，做人要有一定的责任。说通俗一点，就是父亲要有父亲的样子，子女也要有子女的样子。对于子女来说，怎样才算是有子女的样子呢？就是

"孝"。对父母的教诲要恭听，对父母的健康要关心，对父母的态度要柔顺，不能让父母生气，也不能让父母担心，更不能在父母生病的时候，不管不问。

为了弘扬孝道，儒家代表人物们没少费心思。孔子的弟子曾参编了《孝经》，告诉人们为什么要孝敬父母，怎样孝敬父母。元朝人郭居敬编写了《二十四孝》，用古贤人的真实例子来为人们树立榜样，让人们去实施孝道。经过一代又一代人的努力，孝已经成为中华民族传统文化中最重要的部分，也成为中国人的典型特征。

对于我们身边的很多人来说，并不是不知道孝敬父母的道理，也不是不知道父母的重要性，可是在孝敬父母的方法上却出现了不少的偏差。他们觉得孝顺父母就是给父母提供良好的物质生活。因此，他们对父母的孝顺也只是表现在给父母多少钱上。为父母提供丰厚的物质生活是儿女应尽的责任，但却不是孝顺的全部内容。如果仅仅停留在这个层次上，那么，儿女的孝就不能称为孝，而应该叫"养"了。早在两千多年以前，孔子就狠狠地批评了这些将"孝"当作"养"的做法。他说："今之孝者，是谓能养。至于犬马，皆能有养，不以敬，何以别乎？"意思是说"现在所称为孝的，只是说能够奉养父母。跟犬马一样，人都能圈养它们，如果没有敬重之心，那跟圈养犬马有什么区别呢？"故而，我们不能简单地把孝当成养，而应该以恭敬之心来对待父母。

对于现代人来说，怎样做才是真正的孝呢，我们应该做到以下几点：

1. 常回家看看

以前，人们强调"父母在，不远游"。由于时代原因，这句话已经不符合现代社会的发展了。许多人为了事业都选择去离家较远的地方去打拼。这种好男儿志在四方的做法是值得鼓励的，不过，我们在追求事业的同时还要多想一下父母，在节假日的时候常回家看看。回家看看，并不一定要给父母带多贵重的礼物，父母也不在乎这些东西。他们所希望的就是孩子能够常常出现在自己的身边，能够感受一下亲情和温暖。

2. 主动和父母进行交流

由于所处时代环境的不同，父母和我们在思想、观念和行为方式上总会出现一些相左的地方。作为子女，我们应该多和父母沟通，谈一些社会新闻或者是工作和生活中的事情，最终实现两代人的情感交流。这样就能够增进彼此的了解，也能增进彼此间的感情。

3. 多向父母请教

俗话说："家有一老，如有一宝。"尽管父母和我们在思想观念、处事方式上有所偏差，但是他们却有着丰富的社会经验和更加理智的思考。多倾听一下他们的意见，对自己来说，是有百利而无一害的。当然，父母的观点也有不对的地方，当他们的意见出现明显错误的时候，我们最好不要表现出"否定"的表情，不妨用一些"违心"的表情和语言来对待，这样的话，父母就会因为感觉到自己还能发挥余热而兴奋不已，我们也会因为他们的高兴而开心。

4. 不在父母面前发脾气

许多80后的人都是独生子女，在成长过程中，他们大多以自我为中心，对父母稍有不满就会直接指出来或发脾气。年龄小时还情有可原。不过，工作之后就不能再在父母面前发脾气了。毕竟，我们已经不再是孩子，和父母在依靠和被依靠的关系上发生了转变。在我们和父母相处的时候，一定要注意，不能和父母在言语上产生冲撞，要控制好自己的情绪，不能随便发脾气，以免给他们的心灵上带来不必要的伤害。

"孝"是伦理道德的起点，只有有孝心，才能够有爱心，有仁心，才能够有资格去谈论道德修养之类的话题。只有重视孝道，才能让家庭和睦。只有亲情浓郁，也才能得到别人的尊重和认可。如果一个人是不孝之子，那么他的亲情就会变得很淡薄，家庭结构也会变得很脆弱，他在社会上也很难立足。故而，要想成为一个备受欢迎的人，首先就应该爱自己的父母，从亲人开始播种"仁心"。

仁者不仅要爱人，更要爱己

《孝经》开篇之中有这样一句话："身体发肤，受诸父母，不敢损伤，孝之始也。"意思是说人的身体四肢、毛发皮肤，都是父母赋予的，不敢予以损毁伤残，这是孝的开始。我们从这句话中可以得知，儒家思想是十分强调关爱自己的。他们认为，身上的每一个部分，不仅仅是自己的，也是父母的，如果不尊重自己的生命，摧残自己的话，就是典型的不孝之子。再者，一个不懂得关心自己的人，是没有条件也不可能去关心别人的。这是因为：第一，自己没有一个良好的身体，整天病快快的，不麻烦别人就不错了，为别人提供帮助和爱心岂不是无稽之谈？第二，不爱自己，不尊重自己的生命，就是对生命的漠视，这样的人必定是感情冷淡的人，根本不可能去主动关爱别人，即便你对别人表现得非常热情，恐怕别人也会认为你是一个虚伪狡诈之徒，是另有所图的家伙。他们绝不会因为你的热情而亲近你，反而会远远地离开你。

有人说，关心别人是一种品质，关爱自己则是一种本能。这话说得一点儿也没错，只有关心自己，才能够尽自己的所能去关爱别人，如果一个人连这一点本能也没有了，那么他的生活也就失去了意义。生活在这个世界上，关爱别人是我们必要的选择。不过，爱别人首先就应该有爱别人的能力，需要以爱自己为前提。毕竟，富有爱心的人不但要让别人体会到温暖和快乐，还要让自己过得美好而又充实。

有一个非常痴情的男孩，苦苦追求一个女孩有好几年了，但是女孩却一直没有答应男孩。有一次，男孩打电话邀女孩出来，在遭到拒绝之后，他痛哭流涕，哽咽着说："如果没有了你，我活在这个世界上也就没什么意思了。"女孩开玩笑说"那你就死去吧"。结果，男孩听了之后，伤心欲绝，回到家里就吞服了大量的安眠药。幸好家人发现得及时，把他送到医院，抢救了过来。

其实，这个女孩已经对男孩慢慢产生了好感，只不过是想再考验他一下罢了。但是，这件事情发生之后，女孩反而不愿意和男孩进一步发展下去了，对他也越来越冷淡。有人不解，就问她原因。她回答说："一个连自己都不爱的人，怎么可能去爱别人呢？"

的确，一个人如果连自己都不爱的话，是没有资格爱别人的。因此，我们在对别人传递热情和爱意的时候，也要给自己一份关心和珍重。

爱自己不仅仅体现在呵护自己的身体上，更重要的是关爱自己的心灵。那么，怎样做才算是爱自己呢？

1. 不自责

对于很多有着高度责任感的人来说，总是喜欢残酷地评价自己。有责任感是对的，但并不意味着刻薄地对待自己，做什么事非得十全十美不可。如果习惯于残酷地评价自己，就难免会妄自菲薄，看轻自己，一旦出现了一些问题之后，就会埋怨自己。如果长期生活在这种心理状态之下，那么，我们的生活就会凌乱不堪，心灵也会不堪重负。因此，我们应该从自责之中走出来，以阳光的心态来面对每天发生的各种事。

2. 不恐惧

孔子说："知者不惑，仁者不忧，勇者不惧。"这是我们应该学习的生活精神。可惜，这句话说了两千多年，到现在还有不少的人喜欢自己吓唬自己，有一点风吹草动就胆战心惊、风声鹤唳，喜欢把事情往坏处想，这样一来，必然会对我们的精神和身体产生负面的影响。

我们不提倡自己吓唬自己的生活态度。其实，这个世界上并没有什么值得恐惧的事情，不过是心理作用罢了。只要我们做到战胜了恐惧心理，也就战胜了让人感到恐惧的事实。当然，对于一些人来说，做到不恐惧可能有点难，既然如此，我们不如运用思维转换法来改变恐惧心理。在遇到一些事情的时候，尽可能地多往好处想。时间久了，恐惧心理也就消失了。

3. 不急躁

忍耐和坚持有时是痛苦的，但它却会给你带来好处。忍耐就是不急躁的表现。在这个浮躁的社会中，许多人根本就耐不下心来，一旦愿望不能马上实现，许多人就会觉得很痛苦。有时候，很多人竟然连排队或者是等红灯的耐心都没有。这种急躁的生活态度，势必会影响我们的心情和身体健康。因此，我们一定要戒掉凡事急躁的毛病。

或许有人会说，自己的时间很紧，任务很重，没有足够的时间去等待。其实，这只是借口罢了。试想一下，当初孔子周游列国的时候，如果非常急躁的话，还能坚持十九年吗？如果他做学问急于求成的话，还能给后人留下一部部煌煌大作吗？——多想一下孔子，我们的心态就会平静下来了。

4. 多帮助自己

有很多热心的人非常喜欢帮助别人，愿意为别人两肋插刀，排忧解难。但是，在他们自己遇到了一些问题或者困难的时候，非但不愿意接受别人的帮助，还不愿意自己拯救自己，只喜欢做无谓的逃避。这种方式势必会给自己带来很大的危害。要想避免这种伤害，我们就要主动走出来，通过寻求他人的帮助或者自我鼓励来为自己提供必要的帮助。当我们把自己拯救出来之后，才有可能去帮助别人。故而，帮助自己既是爱自己，也是爱别人。

我爱人人，人人方会爱我

孟子是继孔子之后的又一个儒家思想的集大成者。他的主张主要有民本思想和仁政学说。在游说各国国君的过程中，他一再强调"民为贵，社稷次之，君为轻"和"爱人者，人恒爱之；敬人者，人恒敬之"的思想，告诫那些国君们要关心爱护自己的子民，懂得照顾他们的利益，尊重子民们的愿望和需求，不要去打扰他们的正常生活，更不能去凌辱他们，也不能只顾自己不顾百姓的死活。尽管他周游列国以失败而告终，但是他的思想却被保留了下来，成为中华传统文化中重要的一部分。几千年以来，无论是统治者，还是普通人，都喜欢读《孟子》，愿意将孟子的话奉为圭臬，来指导自己的事业和生活。

孟子之所以被后世人尊称为亚圣，是因为他强调了尊重别人的重要性。他所主张的"爱人者，人恒爱之；敬人者，人恒敬之"，意思就是"我爱人人，人人方会爱我"。这是因为，在和别人的交往过程中，尊重别人非常重要。一个人要想得到大家的认可和拥戴，首先应该理解别人，尊重别人，爱护别人。如果一个人太过于自私自利，对别人的疾苦不闻不问，无论他有多么高的社会地位，多么丰富的物质财富，也一定会遭到别人的唾弃。

《孟子·梁惠王》中记载了这样一个故事：孟子拜见梁惠王，梁惠王站在池塘边，一面观赏鸿雁麋鹿，一面漫不经心地问道："贤者也有这样的快乐吗？"孟子回答说："只有贤人才能感受到这种快乐，不贤的人纵然拥有珍禽异兽，也不会真正感受到快乐的。《诗经》上说：'文王规划筑灵台，基址方位细安排，百姓踊跃来建造，灵台很快就造好。文王劝说不要急，百姓干活更积极。文王巡游到灵囿，母鹿自在乐悠悠，母鹿肥美光泽好，白鸟熠熠振羽毛。文王游观到灵沼，鱼儿满池喜跳跃。'文王依靠民力造起了高台深池，但人民却高高兴兴，把他的台叫作灵台，把他的池沼叫作灵沼，为他能享有麋鹿鱼鳖而高兴。古代的贤君能与民同乐，所以能享受到真正的快乐。《汤誓》中说：'这个太阳什么时候灭亡？我们要跟你同归于尽！'人民要跟他同归于尽，（他）纵然拥有台池鸟兽，难道能独自享受快乐吗？"

一个不懂得关爱百姓的国君绝不是什么好国君，人们自然不会支持他的统治。如果这个国君逐渐成为独夫民贼，那么百姓们就会奋起反抗，推翻他的反动统治。因此，后来的许多统治者为了取得百姓的拥护，巩固自己的统治地位，都会勤政爱民，不与百姓为难。因为，他们知道，"天视自我民视，天听自我民听"，无论自己自称天子也好，神仙也罢，归根结底还要看老百姓是不是认可他。一个不爱百姓的人，百姓绝对不会爱他。

有句话说得好，得民心者得天下。要想得到民心，就应该去关爱每一个人，真诚地对待每一个人，在和别人交往的时候不能总是以自我为中心，在和别人发生利益冲突的时候，要适当地做一些让步，尽量地满足别人的愿望。只有做到了这一点，才可能得到别人的欣赏和尊敬，别人才会心甘情愿地和你合作、交往。

冯异是汉代人，自幼好学，熟读《孙子兵法》《左氏春秋》等书。后来，他投奔在刘秀的帐下，很快就显示出了超人的才华。

冯异是个文武全才，既能上马治军，又能下马治民，同时，他还具有良好的道德修养。他为人谦逊，在路上遇到对面而来的人，他总是先给人让路；他所率领的军队，进退皆有规矩，并且从来没有烧杀抢砸的恶习，成了刘秀全军的楷模。

每一次战斗结束之后，刘秀都要论功行赏。别的将军都会大声地争执功劳的大小，应受奖赏的多少，但是冯异从来都不炫耀，也从不和人争功，只是独自坐在大树下默默无言地思考战斗的经验教训。时间久了，人们看到冯异这样的作风，就称呼他为"大树将军"，不久这个称呼迅速在全军中传播开来。很多人认为"大树将军"是一个不居功自傲的人，因此，很多人都非常愿意跟随他。

后来，他们攻破了河北重镇邯郸，刘秀将那些投降的士兵们集中起来，让他们自由选择跟随的人。最后，绝大部分的士兵都踊跃报名，自愿选择听从"大树将军"的指挥。这种士卒们自发的爱戴之心，让刘秀对冯异更是刮目相看，并且越来越器重他了。

"得道多助，失道寡助"，当你去关爱每一个人的时候，每一个人也会反过来帮助你。当你对别人表现得非常冷漠，即使你的亲人也会主动地疏远你。一旦你陷入了孤立无援的境地，后悔也就晚了。因此，要想让人人爱我，首先应该去爱人人。

关爱别人是一种意志、行动和义务，是纯粹的道德要求。我们在关爱别人的时候，不是以交换为目的的，而是一种责任心使然。不过，话又说回来，好人总是会有好报的，或许我们不希望别人的报答，但是，当主动关爱别人成为我们下意识的行为之后，我们必会受益良多。

第2章

明公正"义"，正直坦荡，道义自在心间

"义"是指公正的、合理的、应当做的。它的引申义则是为人处世的原则和底线。人活在这个世界上，应该有一定的道德修养，绝不能做一个见利忘义、首鼠两端、没有廉耻之心的人。特别是在这个市场化的社会中，我们不能被外在的物质迷惑，一定要明白自己应该做什么，不应该做什么，要坚持最基本的为人原则。

树立信念，维护有义之举

在孔子的言论之中，有很多关于君子和小人的论述。其中，有这样一句话："君子怀德，小人怀土；君子怀刑，小人怀惠。"根据《四书集注》的解释，"怀德"的意思是"存其固有之善"，也就是坚持高尚的品德。"怀土"的意思是"溺其所处之安"，也就是一门心思关注自己当下的生活。"怀刑"的意思是"畏法"，也就是今天的"有法必依"。"怀惠"的意思是"贪利"，也就是今天的"一切向钱看"。在孔子看来，要想成为一名正人君子，就应该有正确的信念，不能做不仁不义之事，而应懂得维护有义之举。

中国的传统士大夫和文人大多有着崇高的人生信仰。千百年来，为我们留下了许多名言警句。比如北宋范仲淹的"先天下之忧而忧，后天下之乐而乐"，明朝顾宪成的"风声、雨声、读书声，声声入耳；家事、国事、天下事，事事关心"，以及明末清初顾炎武的"天下兴亡，匹夫有责"等。这些话告诉我们，要关心国家的前途和命运，拥有热忱的社会责

任感和人生使命感。这种精神已经成为中华民族的优良传统。历代优秀的知识分子都在继承和发扬着这一优良传统。有时候，为了维护崇高的信念，维护有义之举，他们就会将生死置之度外。这种精神，是值得后人努力学习的。

赵普是中国历史上著名的政治家，在宋太祖和宋太宗时期担任宰相之职。他在做宰相期间，经常向皇帝推荐有才能的人担任官职。

有一次，赵普向宋太祖推荐一名有能力的官员，但是太祖没有采纳他的建议。赵普却并没有知难而退，第二天上朝的时候，他又将举荐的奏折递了上去，宋太祖依然没有答应。

赵普仍然没有放弃，第三天又把举荐奏折递了上去。太祖看到他连续三天都上同样的折子，十分愤怒，怒气冲冲地把奏折撕了个粉碎，说道："你只是一名宰相，用谁不用谁不是你说了算的，这大宋的江山还轮不到你做主！"满朝文武听后，都为赵普捏了一把汗，认为赵普自触霉头。赵普却没有丝毫慌乱，也不辩解，他默默地把那些撕碎的纸片一一捡起来，拿回家仔细黏好。到了第四天上朝的时候，他又将黏好的奏折恭恭敬敬地递到龙案上，静静地等待太祖的批复。

太祖知道拗不过他，只好长叹一声，准了他的折子。

事后，太祖就问赵普："如果我当时还不批准你的折子，你会怎么办呢？"

赵普回答说："如果您不批准的话，我还会继续递折子。"

太祖笑问："难道你就不怕我杀了你吗？"

赵普说："陛下一再强调任人唯贤，臣是按您的旨意办事，自然内心无愧。何况，陛下是尧舜之君，并非残暴好杀之人，故而臣也没有任何害怕的地方。再者，作为国家重臣，哪能因为自己的性命安危而置天下大事于不顾呢？"

太祖听了，感慨不已，就对赵普大大地表扬了一番。

　　作为至高无上的九五之尊，有着生杀予夺的权力，如果冒犯了他，很可能就会身首异处。赵普不可能不明白这一点。但是，他却并没有因为"天子之怒，伏尸百万，流血千里"而噤若寒蝉，委曲求全，向宋太祖缴械投降，而是甘冒生命的危险一再坚持。在这种坚持的背后，则是他那种以天下为己任的博大胸怀。最终，开明的宋太祖接纳了他的意见。

　　如果说赵普的遭遇是一种幸运的话，那么，明代的方孝孺的遭遇就是一场悲剧了。作为一代名臣，方孝孺没有向身为皇帝的朱棣妥协下跪，而是以铮铮的铁骨谱写了历史上壮丽的篇章。

　　1399年，燕王朱棣起兵造反，1402年，他率大军攻下了首都南京。进京之后，朱棣大开杀戒，诛杀建文帝的旧臣。当时，建文帝的老师方孝孺的名气比较大，因此，朱棣就打算让方孝孺为他效力。

　　朱棣命方孝孺进宫起草登基诏书。方孝孺就披麻戴孝地来到大殿上，对着他一阵痛骂，拒绝接受他的命令。朱棣无奈之下，只好将他关进狱中，然后命令朝中百官和他的学生们去劝说。但是，方孝孺不为所动。朱棣不死心，就决定亲自劝降。他命令锦衣卫强行给方孝孺套上朝服，然后将他绑到宫中。朱棣亲自为他解下绳子，好生劝慰："先生何自苦，余欲学周公辅成王耳。"方孝孺却反驳说："成王安在？"朱棣说："渠自焚死。"方孝孺又问："何不立成王之子？"朱棣说："国赖长君。"方孝孺说："何不立成王之弟？"朱棣面红耳赤，只好说："此朕家事耳，先生无过劳苦。"接着就强行授笔于方孝孺，并说："诏天下草，非先生不可。"方孝孺接过笔，在纸上写下"朱棣篡位"四个字，然后就放声大哭，边哭边骂道："死即死，诏不可草。"朱棣恼羞成怒，就派人将方孝孺从嘴角直割到耳朵，方孝孺满脸是血，仍喷血痛骂不绝。朱棣见他不肯就范，就只好将他杀了。

　　方孝孺死后，他的弟子德庆侯廖永忠之孙镛、铭等人捡其遗骸，葬于聚宝门外山上。而死于宁海城邑的方氏族人，则由义士马子同收其残骸，投于一口井中，后称此井为义井。

清代著名的政治家林则徐曾经这样说道："苟利国家生死以，岂因祸福避趋之。"作为中华民族的一分子，我们应该将有"乐以天下，忧以天下"的胸怀，有为"天下苍生谋福利"的抱负，自觉地树立崇高的信念，维护有义之举。

君子重情亦重义

重情重义，不往故交，一直是中华民族的优良传统，也是孔子及其弟子们一再强调的做人原则，更是值得世代人去继承和发扬的精神。古人说"士为知己者死"就是在告诉我们，作为一名堂堂正正的君子，应该重视朋友之间的友谊，为朋友赴汤蹈火，在所不辞。在朋友得道的时候，我们要维持和他的友谊，在朋友失势的时候，我们绝不能做出背信弃义、落井下石之事，而是应该尽一份朋友的责任，尽最大的努力去帮助他。如果不能提供实质性的帮助，就应该分担他的痛苦，而不能躲避，更不能一走了之。

重情重义，是道德的基本要求之一。因此，一个堂堂正正的人，一个有着责任感的人，就应该把"义"作为自己行事的准则，作为实现自己人生价值的标尺，并把推行"义"作为自己的一项责任。只要我们能够做到这一点，就能够成为一个堂堂正正的"君子"。这样一来，不但能够独善其身，还会带动周围的人积极响应，为社会风气的转变，作出重要的贡献。

在中国历史上，出现了很多重情重义的有义之士，他们的行为，直到今天依然令人感动不已。其中，春秋末年的豫让，就是一个鲜明的例子。

春秋末年，晋国朝政被韩、赵、魏、智几家卿大夫所把持。几家卿大夫之间，常常为了争权夺利而展开斗争。后来，赵襄子联合韩魏两家消灭了智伯，瓜分了他的土地。赵襄子杀了智伯之后，将他的头盖骨做成了饮酒的工具。智伯的下属豫让知道后，想起往日里智伯对自己的好，就发誓要为他报仇。豫让化妆成一个刑徒潜伏到赵襄子家的厕所里，准备伺机行刺。不料，却被赵襄子发现了。得知原因之后，赵襄子被他重情重义的精神所感动，就把他释放了。

第一次行刺失败，豫让并不甘心，继续策划着下一次的复仇计划。为了不让别人认出自己，他就将全身涂满油漆，化妆成一个生癞的人。他又剃光了胡须和头发，弄坏了自己的容貌，还用吞炭的方式改变了自己的声音。如此，他的妻子也认不出他了。

豫让的决定引起了很多人的不满。他的一个朋友还前来劝他不要执迷不悟，朋友说："你这种办法很难成功，这样做也非常不理智。凭你这种才干，如果竭尽忠诚去侍奉赵襄子，那他必然重视你和信赖你，待你得到他的信赖以后，再实现你的复仇计划，那你一定能成功的。"豫让却并不同意，他说："你让我为了老朋友而去打新朋友，为旧君主而去杀新君主，这是极端败坏君臣大义的做法。今天我之所以要这样做，就是为了阐明君臣大义，并不在于是否顺利报仇。况且已经委身做了人家的臣子，却又在暗中策划刺杀人家，这就等于对君主有二心。我今天之所以明知其不可为却为之，也就是为了警示天下后世怀有二心的人臣。"

不久，机会来了。赵襄子外出巡视，豫让就潜伏在他必经的桥下。赵襄子走到桥边时，感到有些异常，就派人四下搜捕。豫让再次被他抓住。赵襄子责备豫让："你不是曾经侍奉过范、中行氏吗，智伯灭了范、中行氏，你不但不替范、中行氏报仇，反而屈节忍辱去侍奉智伯。如今智伯身死国亡已经很久，你为什么如此替他报仇呢？"豫主回答："当我侍奉范、中行氏时，他们只把我当作普通的人看待，所以我也就用普通人的态度报答他们；而智伯把我当作国士看待，所以我也就用国士的态度报答智伯。"于是赵襄子用怜惜的口吻感叹："唉，豫让啊，由于你为智伯报仇，已经使你成为忠臣义士了。而寡人对待你，也算是仁至义尽。你自己想一想吧，寡人不能再释放你了！"于是赵襄子就下令把豫让包围起来。

这时候，豫让就对赵襄子说："我听说一个贤臣不阻挡人家的忠义之行，一个忠臣为了完成志节不爱惜自己的生命。您在以前已经宽恕过我一次，天下的人都称赞您的仁义。今天我还要行刺，按说被杀掉也该毫无怨言了。不过，我想得到您的袍子，请您准许我在这里刺上几下，即便自己死了也没有什么遗憾了。不知道您愿不愿意成全我？"赵襄子被感动了，就当场脱下自己的袍子，亲手交给豫让。豫让接过王袍以后拔出佩剑，奋而起身，连刺几下。最后，他仰天叹息："啊！天哪！我豫让总算为智伯报了仇。"说完之后就举剑自杀了。后来，很多人听说了他的事迹，都流泪不止，痛哭不已。

豫让有一句话说得好，"吾所谓为此者，以明君臣之义"，他除了有"以国士遇臣，臣故国士报之"的报答知遇之恩的情结外，还试图以自己的行动证明人间道义、人的气节和忠义。这种精神，是值得后代人借鉴的。

在现代社会，有很多人信奉"人为财死，鸟为食亡""人不为己，天诛地灭"的自私哲学，并且还自认为聪明。实际上，这样的人，不过是一些卑鄙无耻之徒罢了。要做一个堂堂正正的人，就应该明白做人的道理，了解人生价值的真正所在，用儒家思想不断地陶冶、锤炼自己，督促自己做一个有情有义之人，唯有如此，我们的人生才不会虚度，我们在离开这个世界的时候才不会留下任何遗憾。

君子一生正气，坚守为人原则

孔子在谈到富贵的时候，这样说道："富与贵，是人之所欲也。不以其道得之，不处也。贫与贱，是人之所恶也；不以其道得之，不去也。"富有显贵，这是人人都想得到的；如果不能用正确的方法获得它，君子是不会接受的。贫穷卑贱，是人人都厌恶的。如果不能以正确途径摆脱它，君子是不会逃避的。这里的"道"就是指为人的原则，是做事的底线。无论追求什么，首先应该坚持做人的原则和做事的底线。

作为一名君子，就应该坚守做人的原则。无论是孔子也好，还是孟子，都把这一原则看得非常重。孟子不止一次把义和利联系在一起，再三告诉人们，只有按照道义的原则做人行事，才有可能得到长远的利益。如果目光短浅，见利忘义，下场一定会很惨。

公仪休是春秋时期鲁国的一名博士，因为德才兼备而被选拔为鲁国的宰相。他在担任鲁相之后，就明文规定凡是做官的人，都不能经营产业，和老百姓争利。他认为，做官的人，已经从国家得到了很大的利益，没有必要再和农民、商人争夺利益了。哪怕这些利益是微不足道的，也不能去做。

他作出规定之后，还身体力行。他的家人在自家的园子里种出的冬葵菜，非常好吃，他就把这些冬葵菜全拔掉了；他的妻子织布自己用，他就把织布机烧了，叫妻子回娘家。别人对此感到不解，他解释说："如果我们做官的人家都经营产业，那农工妇女生产的东西卖给谁呢？"

公仪休非常喜欢吃鱼，有很多人就送鱼给他，不过，他却拒绝接受。他的学生大惑不解，就问他："先生，您不是非常喜欢吃鱼吗？为什么别人给您送鱼您却不接受呢？"公仪休告诉他说："正因为我喜欢吃鱼，所以更不能接受你的鱼！我现在做宰相，买得起鱼，自己可以买来吃，如果我因为接受了你送的鱼而被免去宰相之职，我自己从此就买不起鱼了，这样一来，我还能再吃得到鱼吗？因此，我是绝不能接受别人送的鱼的。"

公仪休的故事，正体现了他的为人原则。当然，公仪休拒绝别人并没有讲什么正义原则之类的话，而是用通俗易懂的道理来告诉别人他为什么要这样做。这样一来，既坚持了自己的原则，又不会伤害别人的自尊心。这种委婉拒绝的方式，也值得我们学习。

在平常的生活当中，我们也要做一个坚持原则的人。既然要坚持原则，就免不了拒绝别人。在拒绝别人的时候，如果过于直接，就很可能伤害彼此之间的和气。

那么，我们该怎样做才能既坚持原则又不伤害对方的感情呢，不妨从以下几个方面做起：

1. 耐心倾听对方的要求

如果别人的要求触犯了自己的原则，就应该加以拒绝。不过，我们应该等到别人把话说完再去拒绝。这样一来，既能够表达出对对方的尊重，也能够给自己留出思考拒绝方式的时间。

2. 拒绝的话不能脱口而出

在拒绝的时候，一定要让对方明白，有一些原则是必须坚持的。还要让对方明白坚持原则的重要性。这样一来，别人就比较容易接受你的拒绝了。

3. 拒绝的时候要和颜悦色

拒绝的时候，可以适当地做一些铺垫，感谢别人在需要帮助的时候想到了你，然后再切入正题，告诉对方自己无能为力，不能做一些触犯原则的事情，并且还要略表歉意。当然，在表达歉意的时候，绝对不能表现得太过分，以免给对方留下不诚实的印象。

4. 态度要坚决

原则是不可改变的，我们绝不能因为对方的再次说服就改变自己的想法。如果态度不坚决，就会让对方认为还有回转的余地，他们就会进行新一轮的说服。这样一来,于人于己都都没有好处。

5. 一定要指出拒绝的理由

拒绝别人的时候，一定要告诉对方，违反原则的事情绝对不能做。然后再告诉对方违背原则行事的弊端，这样做有助于维持双方的关系。当然，在你说出理由的时候，有些人心有不甘，可能会进行反驳。如果遇到这种情况，你没有必要和他进行争辩，只要坚持原则就可以了。一旦你和他进行争辩，就可能将理性转化为感性，从而引起事端。

6. 对事不对人

一定要让对方知道你拒绝的是他的请求，而不是他本身。这样的话，就不会让对方的心里产生负面的情绪。

7. 拒绝的时候，不要让第三方来转达

通过第三方来转达你的拒绝之意，足以显示你懦弱的心态，并且非常缺乏诚意。因此，拒绝一些违反原则的事情，一定要亲自出面。

多行不义必自毙

孔子在卫国的时候，卫国的权臣王孙贾问了他一个问题："与其媚于奥，宁媚于灶，何谓也？"意思是说"与其向比较尊贵的祭祀场所祈祷保佑，不如向并不尊贵但是五祀之一的灶神祈祷保佑，这是什么意思？"孔子回答说："不然，获罪于天无所祷也。"即"你这话说得不对，如果得罪了上天，向什么神祈祷都是没有用的"。

在这里孔子说的"天"并不是蔚蓝色的天，也不是宿命论中的上天，而是义理之天、自然之天、道德之天。如果得罪了这个"巍巍上天"，那么，你临时抱佛脚也好，祈祷诸神保佑也罢，都是没有用的，迟早会遭到惩罚。

古人常说："多行不义必自毙"，我们可以把这句话当成是对恶人的诅咒，但更应该将其当成是一个必然的规律。纵观历史，那些恶贯满盈、劣迹斑斑的人，没有几个人是有好下场的。或许，他们也有过"辉煌"的人生经历，但是，最终都遭到了惩罚。

宋之问是唐朝时期的著名诗人，因为善于写一些歌颂功德、粉饰太平的东西而成为女皇武则天面前的红人。他有一个外甥叫刘希夷，也是一名很有才华的诗人，擅长写宫体诗。有一次，刘希夷写了一首《代悲白头翁》的诗，前去找宋之问请教。宋之问看到"古人无复洛阳东，今人还对落花风。年年岁岁花相似，岁岁年年人不同"时，不禁自叹不如，觉得外甥写的诗要比自己强得多。按说，他应该为外甥感到高兴才是，可是他却厚着脸皮请求外甥把后两句诗送给他。然而，刘希夷却没有同意，因为后两句是整首诗的"诗眼"，送给别人，整首诗就会逊色很多。

宋之问心里不快，恨得牙根直痒痒。强装笑脸送走外甥之后，就茶饭不思，想着如何把那两句诗据为己有。他在床上辗转反侧了好长时间，竟然想起了杀人灭口之心！后来，他派人把外甥刘希夷用土袋子活活压死了。为了两句诗就杀掉自己的亲外甥的"壮举"真算得上是"前无古人，后无来者"，简直就是禽兽不如。

得到这两句诗之后，宋之问很是得意了一阵子。但是，若干年之后，他的卑鄙行径被人揭发了出来。朝中的正人君子对他的行为很不齿，就向当时的皇帝唐中宗上书严惩他。唐中宗采纳了大臣们的建议，把他流放到了钦州，没多久，又下令赐他自尽。他自尽的消息传出后，人们都拍手称快，感谢上天除掉了一个禽兽不如的人。

宋之问的故事正是恶性终遭天谴的有力证明。或许，有人觉得这是一个偶然事件，但是，在偶然的背后必定有必然的因素存在。试想一下，为什么朝中大臣不齿于他的卑鄙行为？为什么一致向皇帝上书严惩他？还不是因为他做了不仁不义之事吗。

孔子一次次地向弟子们提及天命，"君子有三畏：畏天命，畏大人，畏圣人之言。小人不知天命而不畏也，狎大人，侮圣人之言。不知天命，无以为君子也"。他之所以会把"天"看得这么重，是因为他有一颗敬畏之心，知道什么事情该做，什么事情不该做。

"天"是什么？"天"是自然的规律，是人心所向，是道德的底线。如果你没有敬畏之心，只知道去攫取一些非法的利益，为了一己之私做一些损人利己、背信弃义、大逆不道的事，那么，你最终只会落得众叛亲离的下场，就更别说在社会上立足了。

"利"必须先为"义"让路

有不少人认为人是追求利益的动物，因此，也就有了"天下熙熙皆为利来，天下攘攘皆为利往""人为财死，鸟为食亡""无利不起早"的谚语。为了追求利益，有很多人起早贪黑、辛苦劳作，有很多人殚精竭虑、孜孜以求，甚至还要采取一些不正当的手段。

"利"是我们应该追求的，因为物质基础决定上层建筑，没有一定的财富和物质基础，道德建设也就无从谈起。但是，除了"利"之外，我们还要有更高的追求，这个追求就是"义"。"义"是什么？义是公平合理的道德范畴，是大众的利益、别人合理的需求。如果在别人或者是社会需要我们做出一定的牺牲的时候，我们就应该抛弃个人的小利益，去服从国家大义、朋友大义和公平大义。

孔子和孟子都把"义"字看得很重。孔子将其作为君子与小人的分界点，"君子喻于义，小人喻于利"。孟子则说得更直接，要求人们在利和义发生冲突的时候要舍利取义，重义轻利，哪怕是以生命为代价也在所不惜，"鱼，我所欲也，熊掌亦我所欲也；二者不可得兼，舍鱼而取熊掌者也。生亦我所欲也，义亦我所欲也；二者不可得兼，舍生而取义者也。"他们为什么一再强调义的重要性呢？这是因为，人应该有一定的道德观念，绝不能为了一己之私而去损害别人和集体的利益，绝不能为了蝇头小利而践踏公平和合理的道德准则。

舍利取义的故事不但在历史上有很多，在现实社会中也不乏其人。其中，广州茂名市的体育彩票销售点业主林海燕就是一个很好的例子。

有一天上午，林海燕接到了一名老顾客吴先生的电话。在电话中，吴先生告诉林海燕说自己在外地出差没有办法亲自买彩票，就委托她代买700元的体育彩票。尽管金额较大，但林海燕还是爽快地为吴先生垫钱买了彩票。当日下午，广东体彩36选7开出了全省唯一的518万元大奖，而这个大奖就落在了林海燕所在的销售点上。林海燕查对彩票号码后，发现竟是自己垫钱为吴先生买的彩票中了奖。彩票是林海燕垫钱买的，顾客也一直未来取票，体彩具有不记名、不挂失的特点，林海燕完全可以把518万元奖金据为己有。但林海燕丝毫不为奖金所动，立即拿起电话把中奖消息告诉了身在外地的吴先生。9月9日，吴先生出差回来，高兴地到销售点取走了林海燕为他垫钱买下并保管了一个多星期的中奖彩票。吴先生要给林海燕20万元以表感谢，但她坚决拒绝了。

林海燕诚信经营的事迹，传遍了祖国大江南北，感动了千千万万的人。人们称她是"体彩活雷锋"、广东的"活雷锋"；国家体彩中心得知她的事迹后，称赞她是诚实守信的典范，是中国体育彩票发行的"形象大使"。一名身在囚牢的贪污犯在《知音》杂志上，看到林海燕的事迹后，写信给林海燕，对她的崇高人格表示敬佩，对自己的罪行表示深深的悔意；另外，社会各界也对林海燕的事迹给予了高度的评价，先后有20多家媒体专程来采访她。后来，她还先后获得了全国"三八红旗手"等名誉称号。

中国成语中有个词叫"一介不取"，意思是说，不是自己应该得到的一点都不能要，哪怕像一粒芥菜籽那么微小的东西也不拿，这才是一个君子所应该做的选择。林海燕正是这样的人。看到了这样的故事之后，那些见利忘义之人是不是应该摸着自己的良心好好想一想呢？

当然，儒家提倡重义轻利的道德品质并不是要求人们完全放弃对正当利益的追求。毕竟，这样做是不现实的。不过，我们在追求利益的时候一定要想一想怎样做才更合情合理。

在《论语·述而》中孔子说了这么一句话："不义而富且贵，于我如浮云。"这是正人君子在看待和求取富贵时的具体原则，也是正人君子的名利观，更应该成为每一个人的座右铭。

安贫乐道，穷也要有骨气

颜回是孔子最喜欢的弟子。孔子之所以对他青睐有加，除了他聪明好学之外，还和他有着良好的道德品质有关。他从来不会因为贫穷而感到不安，也不会为了改变贫穷的现状而去做一些让人不齿的勾当。用孔子的话说就是："贤哉回也，一箪食，一瓢饮，在陋巷，人不堪其忧，回也不改其乐。贤哉回也。"当然，孔子众多弟子中，安贫乐道的并不只有颜回一人，还有原宪、闵子塞、曾参等人。这些人居住在破旧的屋棚之中，却不以为意，非但没有一点儿愁苦的样子，反而一面弹琴，一面唱歌，一副快乐的样子。

安贫乐道一直是儒家思想中所提倡的立身处世的态度。孔子认为，人活着的目的是追求道义，追求对人类的终极关怀，而不是为了追求一些所谓的个人利益。对于贫困，他从来不以为意，即使是被困于陈蔡之时，也不忘弹琴唱歌。当时，他的弟子子路很不高兴，就怒气冲冲地问他："君子有穷乎？"孔子坦然回答说："君子固穷，小人穷斯滥矣"——君子在穷困时能安守德行，小人在贫穷的时候，早就变节、出卖自己的良心为所欲为了。从这个故事中可以看出，孔子是反对那些见利忘义、为了改变贫穷的现状而损害他人、出卖自己的良心的卑鄙行为的。

孔子的弟子们除了在《论语》中多次叙述孔子安贫乐道的精神之外，还在《礼记》中写下了一个小人物不食嗟来之食的故事：

齐国出现了严重的饥荒。有一个名叫黔敖的贵族在路边准备好了饭食，以供逃荒的人来吃。这时候，有一个饥肠辘辘的人用袖子蒙着脸，拖着鞋子，两眼昏昏无神地走过来。黔敖见状，就左手持食，右手端汤，高声叫道："喂，快过来吃吧！"看那样子，似乎他就是一个救世主。如果换作别的饥民，早就快步走上前去，迅速接过吃食，狼吞虎咽地大嚼起来。没想到，这个饥民非但没有这样做，反而扬眉看了他两眼，说道："我正因为不吃他人施舍的食物，才落得这个地步，"说罢，就蹒跚着走了。黔敖心里十分愧疚，就走上前去，向他道歉，但是他仍然不吃，最终饿死了。

"不食嗟来之食"的故事就是要告诉我们，做人就应该有骨气，绝不能因为自己贫穷或者饥饿就低三下四地去接受别人的施舍，宁可自己饿死也不能牺牲尊严。这个故事在中国流传了两千多年，已经成为中国人精神的一个重要组成部分。东晋时期的陶渊明"不为五斗米折腰"的故事和李白"安能摧眉折腰事权贵，使我不得开心颜"的诗句，都是这种精神的集中体现。

当今时代充满了形形色色的诱惑，很多人都在忙着追求所谓的成功和财富，却没有时间去思考怎样去捍卫良知和道德。有时候，为了一些微不足道的东西，许多人就鬼迷心窍，以牺牲别人为代价来满足自己的愿望。这种不仁不义的行为是我们应该警惕的。我们应该做的是认真审视儒家所提倡的安贫乐道的精神，在激烈的竞争环境中培养自己的定力，把握好做事的分寸，绝不能因为贫穷的现状而失去了骨气，更不能在急于改变贫穷的心态之下去做一些见利忘义、违背道德和良知的事情。

第3章

"礼"多人不怪，谦逊为人，彰显礼仪风范

《礼器》曰："忠信，礼之本也；义理。礼之文也。无本不立，无文不行。"礼是一个人为人处世的根本。也是人之所以为人的一个标准。故《论语》曰："不学礼，无以立。"那么，"礼"究竟是什么呢？通俗一点说，"礼"就是指规矩。无规矩不成方圆，我们要想获得别人的认可和尊重，就应该学习和掌握一定的社交礼仪。

言谈举止尽显谦恭儒雅

《论语》中有这样一句话："朝，与下大夫言，侃侃如也；与上大夫言，誾誾如也。君在，踧踖如也，与与如也。"有人对这句话的解释是：孔子在上朝的时候，同下大夫说话，显得温和而又快乐；同上大夫说话，表现出争执而公正的样子；和国君说话，则呈现出恭敬而不安的样子，但是又仪态适中。因此，那些反对儒学的急先锋们，就将此作为孔子反动的证据，把孔子说成是一个见风使舵的犬儒。实际上，这句话并不能这样解释，前两句是互问，不能分开解读，而是应该联系在一起看。这句话的正确解释应该是，孔子无论和上大夫还是下大夫说话，都是刚正、和悦、愉快的气色，和国君交谈则尽显温文尔雅的谦恭本色。当我们了解了这句话的真实含义之后，就能够对孔子有正确的认识了。

大凡见过孔子像的人都会有这样一个感觉——一个循循善诱的长者，一个慈祥的老师，一个谦恭儒雅的学者。因此，谦恭儒雅的气质就成为孔子的礼仪风采。孔子像虽然和孔子本人有一些出入，但是在气质上却是一

致的。因此，很多孔子的弟子都以孔子谦恭儒雅的形象作为自己追求的标准，时刻督促自己要做一个彬彬有礼的谦谦君子。

言谈举止谦恭儒雅是中国传统士大夫的形象，也是中国人的气质之一。即使在现代社会，在社交场合中，这样的人也是备受欢迎的。每个人在和别人相处的时候，都应该注意一下言谈举止中的细节，避免给别人留下不良的印象。

那么，什么样的言谈举止才算是谦恭儒雅、符合礼仪标准呢？须知，谦恭儒雅并不是装腔作势，也不是咬文嚼字，而是一种很自然从容的表现。如果我们还不是太了解的话，不妨看一下清代人李毓秀在其著作《弟子规》中的一句话，"话说多，不如少；惟其是，勿佞巧"。意思就是说，讲话的时候，宁可少说一些，也不能滔滔不绝讲一些不着边际的话，更不能为了迎合别人而讲一些佞巧的虚妄话。当然，这句话的延伸意就是说，人们在说话的时候应该谨言慎行，不能偏离一定的礼仪。

那么，在生活中怎样做才算符合谦恭儒雅呢，我们不妨从以下几点做起：

1.态度端正

不端正的态度大致有两种表现形式：第一种是漫不经心式的，人在讲话的时候显得很随意，要么歪斜着身子，要么跷着二郎腿，抽着香烟很随意的样子；第二种则是谦虚得过了头，和人交谈如临大宾，见人就点头哈腰，刻意地降低自己的身份，满嘴是一些自贬的话。这两种方式都不可取。前者会给人一种高傲的感觉，会让交谈的一方感到人格受到了侮辱；后者则会让人感觉不真诚，要么认为你是在做戏，要么就认为你是有求于他，因此很容易对你产生鄙视心理，甚至不愿意再继续和你交往。

怎样做才算端正态度呢，这就需要我们掌握一定的分寸，不卑不亢，既不能低声下气，又不能傲慢自大，而是应该显得自然、随和、从容一些，既不能给别人带来心理压力，更不能让人瞧不起。

2. 说话的时候可以讲一些玩笑话，但绝不能太过

在和别人交往的时候，如果太过于一本正经，只讲一些题内话，未免就会使交谈气氛显得枯燥，让人感到压抑。为了打破尴尬，可以讲一些无伤大雅的玩笑话来调节气氛。不过，在讲玩笑话的时候，要做到既通俗易懂，又不至于太过粗俗。比如，为了制造笑点，很多人开起玩笑来不讲分寸，不是挖苦捉弄别人就是不分场合讲一些黄段子。这样或许能让人捧腹大笑，但是别人在笑过之后，却可能对你有很差的评价，认为你是一个低俗粗鲁的人，和你交往只会降低他们的品位，因此，他们就会逐渐地疏远你。为了避免这些负面影响，我们在开玩笑的时候，一定要注意分寸，以合乎礼仪为准则。

3. 培养良好的表达习惯

一个人的谈吐是其素质和修养的综合体现，如果讲的话太低俗、太粗鲁、太肮脏、太虚假，势必会遭到别人的反感，甚至还会引起别人的敌视。

时下，有很多人将说话粗鲁当成是豪爽的表现，在和别人交往的时候刻意讲一些低俗的话，非但不以为耻，还反以为荣。如果他不懂得改正的话，迟早会遭到别人的唾弃。所以，我们应该从现在做起，注意自己所说的每一句话，认真思考哪些话该说，哪些话不该说，哪些话该怎样措辞，当我们将这些思考当成习惯之后，也就能够拥有优雅的谈吐了。到了那个时候，自然就会成为备受欢迎的人。

得体装束彰显优雅和谐

提起孔子，有些人的眼前就会出现这样一个形象：一个满身泥污、胡子拉碴、两眼迷茫的老头，坐着破马车，在风雨交加的天气里走在泥泞的道路上，狼狈不堪，落魄至极。因此，他们就武断地认为，孔子是一个四处觅食的不得志者，几乎没有吃过一顿饱饭，很少有一件干净的衣服，是一个邋邋遢遢、又脏又臭的老夫子。这样的想法真是大错特错。实际上，孔子非常爱干净，不但三日一沐，五日一浴，而且还十分注重自己的装束，什么场合穿什么样的衣服都非常讲究，是一个非常懂得穿衣打扮的人。

如果不相信的话，请看《论语》中的这段话："君子不以绀緅饰。红紫不以为亵服。当暑，袗絺绤，必表而出之。缁衣羔裘，素衣麑裘，黄衣狐裘。亵裘长。短右袂。必有寝衣，长一身有半。狐貉之厚以居。去丧，无所不佩。非帷裳，必杀之。羔裘玄冠不以吊。吉月，必朝服而朝。"意思就是说：君子不用深青透红或黑中透红的布镶边，不用红色或紫色的布做平常在家穿的衣服。夏天穿粗的或细的葛布单衣，但一定要套在内衣外面。黑色的羔羊皮袍，配黑色的罩衣。白色的鹿皮袍，配白色的罩衣。黄色的狐皮袍，配黄色的罩衣。平常在家穿的皮袍做得长一些，右边的袖子短一些。睡觉一定要穿睡衣，要有一身半长。用狐貉的厚毛皮做坐垫。丧服期满，脱下丧服后，便佩带各种各样的装饰品。如果不是礼服，一定要加以剪裁。不穿着黑色的羔羊皮袍和戴着黑色的帽子去吊丧。每月初一，一定要穿着礼服去朝拜君主。这样你还会说孔子是一个不拘小节、满身泥污而不以为意的人吗？

我们不但要学习孔子的做人思想，还应该学习他对装束的一丝不苟的生活态度。毕竟，衣服是人的第二皮肤，直接体现了一个人的精神风貌。如果衣着太随意的话，非但不符合交际礼仪，还容易让人看轻自己。当然，我们现在的生活环境和古人的生活环境有着明显的不同，无论是衣服的款式还是颜色，都和古代不可同日而语。但是，无论处于什么样的年代，每一个人的仪容仪表都应该讲究一些，这是毋庸置疑且亘古不变的真理。

孔子有一个弟子叫子路，他给后人留下了一个"结缨而死"的故事。这个故事很好地诠释了一个正人君子对仪容仪表的重视。

春秋末期，卫国太子蒯聩发动叛乱，挟持了守卫都城的孔悝。当时子路是卫国的大臣，听说太子叛乱之后，就找太子质问，痛斥他的叛乱行为。太子理亏，恼羞成怒之下就派手下人石乞和盂黡去杀害子路。当时子路已经是一个六十多岁的人了，很明显不是两个人的对手。在激斗的过程当中，他的帽缨被剑削断。在这个紧急关头，子路知道自己快要死了，但是他没有畏惧，只是说了一句："夫子告诉我，君子死，冠不免，我要先把自己的帽子戴端正了。"说着就放下剑，整理自己的帽子。正在他整理帽子的时候，对方就趁机结束了他的性命。

子路这样做并不是迂腐，也不是愚蠢，而是对自己的尊重，他就是死也要死得有尊严，绝不能因为即将死了就放弃对装束仪表的重视。看一下子路，再看一下身边的年轻人：为了表现自己的个性，就反戴帽子、弄一个爆炸头、好好的衣服上非要弄上几十个洞，在正式场合喜欢袒胸露怀，还穿着拖鞋。当然，这些人认为这是一种时尚，是非主流，是新新人类。但是，穿衣服不仅仅是给自己看的，还要给别人看。如果你常常穿着不伦不类的衣服出入各个正式场合，又怎能给人留下好印象！

孔子说得好："文质彬彬，而后君子。"文质彬彬不止是气质的表现，还要有得体的服装来衬托。因此，我们一定要重视自己的装束，注意一下自己的外在形象，唯有如此，才能够给人留下良好的印象。那么，在生活中该怎样穿着呢？我们可以从以下两个方面注意一下：

1. 要选择得体的服装来体现个人的修养

我们在选择服装的时候，不一定非要选择名牌，也不一定非要选择最新潮的款式，更不一定时时刻刻都要西装革履，而是要以得体为宜。毕竟，服装是个人内在美和外在美的结合与统一，穿什么样的衣服将直接体现你的品位和修养。因此，在人际交往过程中，你既要根据场合挑选衣服，也要根据自己的特征来决定如何搭配服装。不过，有一点是相同的，那就是这些服装要保持干净整洁，让人看上去舒服，不会引起异常心理反应。只有这样，才算得上是得体的服饰。

2. 适当注意一下细节问题

人们常常说细节决定成败，这绝不是危言耸听，在任何时候，我们都要注意一下细节。比如，选择得体的衣服之后还要注意一下袜子的颜色是否和鞋子相匹配、帽子是否适合自己、拉链纽扣是否弄好等。用古人的话说就是"冠必正，纽必结"。只有在细节上用心了，才能够让你散发出迷人的气质，才能够让别人接受你。

和而不同，接受和自己不一样的人

儒家倡导的"礼"是指规范制度和规矩。它主要有两个特征：第一是"别"，也就是区别，具体来讲，就是依据不同人的职位、年龄、性别以及血缘等因素来划分权利和义务范围，规定不同角色的各自行为选择边界，进而避免因为不同而造成的利益冲突。第二则是"和"，这是最重要的一点，也是孔子及其弟子们一再强调的一点。用孔子的话说就是"不与邻为壑""四海之内皆兄弟""己所不欲，勿施于人""冲气以为和""保合大和"。而孔子的学生有子则进一步说："礼之用，和为贵。先王之道斯为美。小大由之，有所不行。知和而和，不以礼节之，亦不可行也。"这句话的意思就是说，"礼"要以"和"为贵，是"和"的体现。如果偏离了"和"，就会缺乏凝聚力和向心力，也就失去了团结心和互助心。

其实，"礼"的"别"与"和"是相辅相成的，是合为一体的。孔子说的"君子和而不同"正是这个意思。和而不同是指一种有差别的多样性的统一，即允许别人和自己有意见上的分歧，但是不能因为分歧而产生敌意和矛盾。孔子的这句话在中国流传了几千年，已经被绝大多数的中国人所接受。随着全球化步伐的加快，这种和而不同的精神也逐渐成为国际上处理各种事务的一种思想。

对于每个人来说，要想在这个社会上立足，获得别人的欣赏和认可，就应该奉行"和而不同"的处世原则。和而不同不是要求我们做一个一团和气的好好先生，也不是强迫我们放下自己的想法和观点，更不是让我们做一个没有主见的人，而是要我们有包容心态，能够接受和自己不一样的人，绝不能因为别人和自己有一点区别，就彻底地否定对方，采用一些正当或者是不正当的手段去压制迫害对方，而要承认差异性的存在，在差异之中寻找两者的共同之处，最后使双方建立友谊。

世上没有两个一模一样的人，人和人之间存在着必然的差异。作为一个理智的人，我们需要做的就是承认这种差异，允许别人和自己不一样，然后再用自己宽大的心胸去包容他，用热忱的态度去帮助他，最终来达到"和为贵"的理想境界。只有我们懂得了和而不同，才不会去试图改变对方或者是指责对方，也不会去疏远和自己不一样的人，从而建立一种和谐的人际关系。

曾国藩和左宗棠是晚清政坛上两个重要的人物。他们之间，既有合作也有矛盾。曾国藩为人低调，沉默寡言。左宗棠则恃才傲物，桀骜不驯，说话比较刻薄。

咸丰四年，曾国藩在和太平军的一次交战中遭到失败。别的官员都安慰曾国藩，而左宗棠却指责曾国藩临阵脱逃，不能杀身成仁。曾国藩的手下见状，纷纷抽刀，要杀了左宗棠。但是曾国藩却制止了他们，客客气气地把左宗棠送走了。

咸丰七年二月，曾国藩的父亲去世，他就上书皇帝，准备回家守孝。左宗棠却认为他舍小弃大，为臣不忠，当场宣布和他绝交。面对左宗棠的猛烈抨击，曾国藩并不生气。对他依然很客气。第二年，他率军经过长沙时，还特意赶到左府拜见左宗棠。面对不计前嫌的曾国藩，左宗棠就不好意思再说些什么了。

后来，左宗棠受到了别人的陷害，只好远离京城去投靠曾国藩。曾国藩热情地接纳了他，并且邀请他和自己一起主持军事会议。左宗棠看到曾国藩能够这样对待自己，自愧不如。

几个月之后，曾国藩上奏朝廷，恳请重用左宗棠。朝廷恩准，谕令左宗棠"以四品京堂候补，随同曾国藩襄办军务"。左宗棠的命运因此发生了改变。

左宗棠成为曾国藩的幕僚之后，几次要求带领军队作战，都取得了辉煌的战绩。曾国藩就向朝廷为他报功请赏，左宗棠因此晋升为候补三品京堂。

后来曾国藩又恳请朝廷将左宗棠由襄办军务改为帮办军务。朝廷应允，在同治二年任命左宗棠为闽浙总督兼浙江巡抚。从此，左宗棠成为封疆大吏，开始与曾国藩平起平坐了。

曾国藩被后人称为"中国封建时代最后一个圣人"是有道理的，除了他的治国治军的本领之外，最重要的是他有一颗包容的心，了解"和而不同"的儒家思想精髓，能够接受和自己不一样的人。因此，他受到了时人和后人的尊重和爱戴。

同治十二年，曾国藩逝世，左宗棠在伤心之余写下了这样一副对联来表达对这位朋友的哀思："谋国之忠，知人之明，自愧不如元辅；同心若金，攻错若石，相期无负平生。"

当代作家林语堂在《中国人》一书中，从中国人信奉的"和而不同"出发，分析了中国人的和平主义、豁达大度和老成温厚的文化，他指出："宽容是中国文化最伟大的品质，它也将成为成熟后的世界文化的最伟大的品质。"

作为一个现代中国人，一定要从自身做起，主动地去弘扬和发展这一文化，用包容的心态来面对这个世界。

恭敬为人，尊敬长辈

中国素称"礼仪之邦"，以礼兴邦，以礼待人。每一个中国人的血脉里，都有"礼"的基因。在尊敬长辈上，孔子给我们做了很好的示范带头作用。《论语》中记载："乡人饮酒，杖者出，斯出矣。乡人傩，朝服而立于阼阶。"意思是说，孔子在举行乡饮酒礼之后，并没有觉得自己是一个远近闻名的大学者就看不起别人，而是恭敬地等着拄拐杖的老人走出之后自己才出去；在乡亲们进行驱除疫鬼的仪式的时候，孔子并没有因为自己是朝中的大臣就拒绝参加，而是穿着朝服，恭恭敬敬地站在东面的台阶上。这段话不多，但是却形象地刻画了孔子恪守礼仪、尊重他人的形象。

从孔子时期开始，中国就逐渐形成了尊老敬贤的礼仪传统。作为一个青年人，就应该将这种美德发扬光大，并且一代一代地延续下去。特别是在这个老龄化即将到来的社会中，我们更应该对老年人多加尊重和爱护。

当然，尊敬长辈不可仅仅作为一种态度而存在，而要体现于日常生活的细节当中。那么，该怎样做才算是尊敬长辈呢？我们可以从以下几点做起。

1. 对长辈的态度要恭敬，长辈说话时要恭听

在古代，年轻人在路上碰到长辈，都要赶紧走上前去行礼，如果长辈没有说话，年轻人就站到旁边恭候训示，借此来表达对长辈的尊敬。在现代社会，这样做已经明显不符合社会现实了。不过，这种态度应该保留，比如，在一些交际场合遇到了长辈，年轻人应该表现得谦虚内敛一些，对长辈多尊重一些，长辈说话的时候，即使不愿意听，也要表现得虔诚一些等。这样做就是在向长辈传递一种善意和敬意。

2. 向长辈打招呼也要注意礼节，送别的时候要注意礼貌

《弟子规》中有这样一句话："骑下马，乘下车；过犹待，百步

余。"意思是说，如果在路上遇到了长辈，无论你是骑马还是坐车，都要下来和长辈打招呼。等长辈离开之后，你要目送长辈走到百步之外才能移步。在现代社会，这样做不太现实，不过，这种精神还是可取的。

现代人的交通工具早就由马变成了汽车。我们在遇到老人的时候，没有必要专门停下车来与老人家打招呼，毕竟，一路上会遇到很多老人，如果你再见一个就下车作揖的话，你一天什么事儿都不用干了。我们可以换一种其他的方式，比如开车遇到老人时要减速慢行，遇到认识的长辈之后主动停车问候，在问候的时候要尽量用恭敬的语气并使用尊称。在和长辈攀谈的时候，如果老人不说再见，自己就不能上车。当然，如果你有急事的话，不妨先离开，只是，在离开之前一定要告诉对方自己离开的原因，然后再适时地表达歉意，做到有礼有节。

3. 多替长辈做一些力所能及的事

我们生活在一个竞争激烈、快节奏的社会中，每个人都有自己的事业，每天都有忙不完的工作，根本无暇分心去做别的事。因此，很多人就变得越来越自私，越来越冷漠，当长辈们需要我们伸出援助之手的时候，却总是采取袖手旁观的态度。这样做是不对的，或许，不帮助别人能少给自己添乱，但是，如果每个人都这样做的话，那么这个社会就会变得异常冰冷，毫无温情可言了。这样一来，我们的下一代也就很可能被我们的冷漠所感染，长此以往，那这个世界就会变得冰冷。

无论多忙，我们都要腾出一定的时间为长辈做些事。或许，有人说："我也想为长辈做些事，但我没有那个能力。"事实的确如此吗？恐怕不是吧？孟子有句话说得好："挟太山以超北海，语人曰'我不能。'是诚不能也。为长者折枝，语人曰'我不能。'是不为也，非不能也。"我们应该分清楚，什么事不能做，什么事不愿意做。不能做的就不能勉强，不愿意做就应该改变一下心态了。其实，为长辈提供一些帮助并不会浪费我们多少精力和时间，比如，在公交车上给老人让个座、遇见负重而行的老人帮助他分担一下，都是不错的表现。只要我们做了，就是一大进步。当每个人前进一小步的时候，这个社会就前进了一大步。

恪守礼仪，拥有文明风范

孔子不但是中国历史上著名的教育家和思想家，也是有名的礼仪专家。他认为，礼仪不仅仅是一种外在形式的制度，更是修身养性齐家治国平天下的重要基础。他说："不学礼，无以为立。"一个人如果不懂得必要的礼仪，就无法在这个社会上立足。由此可见，懂礼、守礼对一个人来说多么重要。

礼是人的一种本质规定，是人类有别于动物的标志之一。古人说："凡人之所以为人者，礼义也。"人若无礼，就和禽兽没有区别。"鹦鹉能言，不离飞鸟；猩猩能言，不离禽兽。今人而无礼，虽能言，不亦禽兽之心乎"，从这些话中我们可以了解到，一个人的礼仪修养如何，直接体现了他的人格。故而，我们如果想要提升自己的修养和人格魅力，就应该恪守礼仪，拥有文明风范。

要想恪守礼仪，首先就应该对一些礼仪制度有一个大致的了解。对于大部分人来说，了解"夏礼""周礼"是没有用的，只需要了解一下现代社会交际场合中的一些礼仪就可以了。具体说来，现代交际礼仪有以下几个方面：

1. 仪表礼仪

仪表礼仪就是指一个人的仪表要和他的年龄、体型、职业和所在的场合吻合，应该表现出一种和谐的美感。不同年龄段的人应该有不同的装束，年轻人的穿着应该鲜艳、活泼、随意一点，中年人则要注意庄重、雅致和整洁，体现出成熟和稳重。另外，对于不同体型、不同肤色的人来说，着装时就应该考虑一下扬长避短，选择适合的服饰。还有，职业的差异对于仪表的协调也十分重要，不同职业的人要穿着不同的服装。

服饰能反映一个人文化素质的高低和审美情趣的雅俗。对于服装搭配，没有一个统一的标准，只需要做到协调大方又能遵守某些约定俗成的规范和原则就可以了。

2. 卫生礼仪

讲究卫生不只是健康的要求，也是礼仪最基本的要求。古人说的三日一沐，五日一浴，就是卫生礼仪的一种。一个人，无论长相有多好，服饰有多华美，知识有多么渊博，如果不讲究卫生，满脸污垢、浑身异味的话，必然会破坏一个人的美感。故而，作为一个知礼的人，应该养成良好的卫生习惯。做到入睡前洗脸、洗脚，每天坚持刷牙，定时洗澡，勤换衣服等。

另外，在众人面前，我们一定不能自顾自地"打扫卫生"，比如剔牙齿、掏鼻孔、挖耳屎、修指甲、抠泥垢等。这些行为很不雅观，容易给人留下不良印象。

3. 举止礼仪

举止是人际交往过程中的礼仪表现形式，除了口语的礼仪外，它讲究的是人体动作与表情的礼仪。它是通过人的肢体、器官的动作和面部表情的变化，来表达思想感情的语言符号。故而，我们在举止上尤其要注意一定的礼仪。具体要求如下：

（1）到别人家中或者是办公室里去拜访，进门之前需要先按门铃或者是轻轻敲门，然后站在门口等候。按门铃的时间不能太长，敲门的声音不能太响。哪怕门是虚掩的，也不能擅自走进，而是要等主人开门或者是得到主人允许再进入。

（2）见到客人之后，应该点头微笑致礼。如果事先没有预约而拜访，首先应该表示歉意，然后再解释来意。同时还要注意，主动向在场的人点头或者是微笑示意，必要的时候还要说一些话。

（3）在客人家里，若没有被邀请，不能擅自去参观人家的住房。即便你和对方比较熟悉，也不能任意抚摸或者是玩对方客厅里的东西。更不能随意地去翻看室内的书籍、触动花草或者是其他的陈设物品，以免冒犯别人，让人反感。

（4）在主人没有坐下之前，千万不能自作主张随意坐下，等主人邀请和落座之后再坐为宜。坐下之后，要注意坐姿，不能跷二郎腿，更不能任意让腿做伸长运动，身体要微向前倾。

（5）站立的时候，上身要稳定，双手应该放在两侧，不能背着手，更不能双手抱在胸前，身子更不能歪斜在一边。背着手会让人觉得你过于随意，双手抱在胸前可能会传递出敌意，身子歪斜则会让人感觉你为人过于散漫。另外，当主人起身或者是离席的时候，你应该站立示意，不能坐着不动。当你和别人初次见面或者是告辞的时候，要做到不卑不亢，不慌不忙，举止得体，有礼有节。

（6）对于女士来说，千万不要在人前化妆，这是一个很不好的习惯，也是男士们难以忍受的现象。有很多爱美的女士不注意这一点，往往喜欢在正式场合化妆。如果是在就餐之后补口红扑粉的话，尚能让人接受，但是，如果在正式场合中面对别人梳头、涂指甲油、擦口红或者是化妆的话，难免会让人感到气恼。因此，女士们一定要尽量地节制这些行为，免得失礼。

第 4 章

"智"谋出众：学习之法，学而不思则罔

在儒家的道德规范体系中，"智"是最基本、最重要的项目之一也是儒家理想人格的重要品质之一。在儒家思想史上，孟子第一次以"仁、义、礼、智"四德并提。到了汉代，儒家"五常"确立，"智"位列其中。我们要想达到儒家所说的"智"，就应该努力学习，善于学习,还要将学习到的理论知识运用到实践中来。

先学做人之理，再学为人之智

儒家的人才观是德才兼备。在德和才之中，尤其看重前者，甚至提出了宁要有德无才的庸人也不要有才无德的小人的主张。孔子说过："如有周公之才之美，使骄且吝，其余不足观也已。"一个人即使有周公那样美好的才能，但是假使他又骄傲又贪鄙的话，那么，他的其他方面就不值得一看了。周公是谁呢，他是孔子最崇拜的人，是周文王的儿子、周武王的弟弟，周武王死后，他帮助周成王治理江山，建立了赫赫功业，另外，他还创建了礼乐制度，成为礼乐文化的创始人。因此，他一直被儒家奉为圣人。——在这句话中，孔子以"周公之才"喻人，是对一个人才华的极大肯定，但是如果这个人没有良好的道德修养，孔子照样看不起他。由此可见，孔子是多么重视一个人的道德修养。

我们要想成为一名生活中的智者，自然要学习一些文化知识和技术技能，只有掌握了这些东西才能够在社会上立足，创造自己的人生价值。但是，如果我们忽视了道德修养，只重视技术能力的话，就会犯下本末倒置

的错误。那么，到头来，无论才华多么出众，都不免要成为人们所唾弃的对象。因此，在学习的时候，我们应该先学做人之理，再学为事之智。换句话说，就是做事之前先学会做人。

《三字经》开篇是"人之初，性本善，性相近，习相远"。

意思是说，人生下来原本都是一样，但从小不好好教育，善良的本性就会变坏。这里的"习"绝对不是简单地读书识字，而是道德的培养。如果一个人在接受教育的过程当中，忽视了修身养性这些东西，那么他就有可能变成一个道德品质败坏，喜欢损人利己、损公济私的小人。那么，他学到的东西，非但不能为国家和社会作出贡献，反而还会成为破坏国家和他人利益的工具。

在中国历史上有很多才能卓著但名声不佳的人，千百年来一直备受人们的咒骂。是因为他们没有才能吗？绝对不是，如果他们没有一点才能的话，绝对不可能做出大事来，充其量不过是一个耍些小手段用些小手腕骗取一些小利益的小混混而已。他们能做出损害国家利益、给民族带来巨大灾难的事情，第一是因为他们有着超乎常人的"为事之智"，第二是因为他们缺乏道德观念，不懂得"做人之理"。

李林甫是唐玄宗末年的宰相，在位长达19年，是一个很有本事的人。天宝九年，一位靠技术赢得玄宗欢心的官员，在自己得到提升之际，请求皇帝也给自己的女婿弄个"及第"的功名，"玄宗允之"。但到了李林甫那里，硬是顶了回去："明经、进士，国家取材之地……偏以及第与之，将何以观材！"宰相宋璟的儿子宋浑是他的好朋友，并因他的推荐当上了高官，但宋浑违法乱纪的罪行暴露后，他不徇私情，奏请皇上硬是将宋浑流放到了边远的岭南。

当时，骄横跋扈的安禄山见到李林甫都是战战兢兢的，连大气都不敢喘。李林甫在相位一日，他就老实一日。知道李林甫死了，才敢发动叛乱。由此可见，李林甫是一个能够稳定大局、维护朝廷安定的大人物。

但是，李林甫却不是什么正人君子，他最大的缺点就是妒贤嫉能、口蜜腹剑，利用手中的权力打击正直之士，排挤比自己能力强的人，胁迫朝臣不能向皇帝上书，致使朝廷出现了万马齐暗的局面，以至于他死后安禄山发动叛乱时，朝中连一个能拿主意的人都没有。

试想一下，如果李林甫能够加强道德修养，做一个正人君子，当时的老百姓也就不用饱受吏治黑暗和战争之苦了。可惜，历史不能假设，李林甫最终还是被钉在了历史的耻辱柱上。

宋代史学家司马光强调做事先做人，他说："才者，德之资也，德者，才之帅也"，并进一步指出，选拔人才，宁要庸才也不要能力虽强但却阴险狡诈的小人。"凡取人术，苟不得圣人、君子而与之，与其得小人，不若得愚人。何则？君子挟才以为善，小人挟才以为恶，挟才以为善者，善无不至矣。挟才以为恶者，恶亦无不至矣。"在司马光看来，无才的人不是愚钝就是智力很差，力不能胜，要控制他是容易的，唯有"小人智足以遂其奸，勇足以决其暴"。若本身是小人而又有才能，就如虎添翼，其危害是很大的。

在美国，一所私立学校开学的第一天，全体教师都收到了校长的一封信，信上说：

亲爱的教师们：

我是集中营里的幸存者。我亲眼目睹了一般人看不到的事情：

毒气室由有学识的工程师建造；孩子被受过教育的医生毒死；婴儿被训练有素的护士谋杀；妇女和孩童被受过高中或大学教育的毕业生射杀；所以我怀疑教育。

我的请求是：希望你们帮助学生做一个有人性的人。永远不要用你们的辛勤劳动，去栽培孕育出学识渊博的怪兽，身怀绝技的疯子，或者是受过高等教育的纳粹。

事隔多年，当我们读到这封信的时候，还会感到非常震惊：学习科学文化知识目的是为社会的发展作出贡献的，而不是为了与人类为敌的。可惜，一些科学家们却忽视了道德的修养，最终做下了很多罪恶滔天的事。这很值得那些只重视才能而忽视道德修养的人深思。

有句话说得好："有德有才是正品，有德无才是半成品，有才无德是危险品，无德无才是废品。"为了不做危害人类的危险品，我们在学习"为事之智"之前，应该先学习一下"做人之理"，在加强个人道德修养上下一番功夫。

想得"智"，从勤学开始

孔子以博学而著称，无论是在当时还是在后世，人们都把他看做是无所不能无所不知的圣人和智者。他的弟子们都非常崇拜他，给了他很高的评价。比如，颜回之"仰之弥高，钻之弥坚"，子贡谓之如日月"无得而逾焉""夫子之不可及也，犹天下之不可阶而升也……其生也荣，其死也哀，如之何其可及也？"不过，孔子却告诉弟子们"我非生而知之者，好古，敏以求之者也"。即"我不是生来就有知识的人，而是喜欢古代文化、勤奋追求才得到的"。言外之意就是，"如果我不喜欢学习的话，是不会取得这么高的成就的"。

大家都知道，孔子是一个非常谦虚低调的人。但是他唯独对自己"好学"这点是非常自信的，并且常常引以为荣，比如，"十室之邑必有忠信如丘焉，不如丘之好学也""述而不作，信而好古，窃比于我老彭""学而不厌，诲人不倦"等。他之所以在好学方面显得这么自信，并不是在炫耀什么，而是在告诉弟子们要想成为智者，就应该从勤学开始做起。

《论语》开篇就说"学而时习之，不亦说乎"。足见孔子对勤学的重视。孔子在当时绝对算得上是数一数二的文化名人，但是他却并没有放弃学习，除了躬身实践外，还一再告诫弟子们"君子不可以不学，见人不可以不饰"，他又说，人生哪怕已经有了"仁、知、信、直、勇、刚"六大美德，可如果"不好学"，那么也往往会流于"六蔽"："好仁不好学，其蔽也愚；好知不好学，其蔽也荡；好信不好学，其蔽也贼；好直不好学，其蔽也绞；好勇不好学，其蔽也乱；好刚不好学，其蔽也狂。"因此，我们要想告别愚昧无知的状态，不断提升自己的人生境界，就应该从现在开始勤奋学习。

有很多人这样为自己辩解："我不是不想学习，可是没有时间呀。每天上班那么忙，哪里还能抽出时间来读书呢？"其实，这些只不过是懒惰者的借口罢了。在他们的心里还是不愿意学习的。如果一个人不愿意学习，他的脑子就会变得越来越迟钝，他的境遇也可能会变得越来越不尽如人意。反之，一个人眼下的情况可能会不尽如人意，但是只要他能够勤于学习，每天抽出时间来多读一些书，用不了多久，他的境遇就会发生显著的变化。

吕蒙是三国时期吴国汝南富陂人，在他幼年的时候，家境贫寒，没有读书的机会。十五六岁的时候，为了承担家庭责任，他就跟随姐夫邓当参军，做了一名战士。他胆识过人，英勇善战，31岁就做到了中郎将的职位。有很多比他参军早的士兵只熬到了百夫长的位子。

吕蒙的文化程度很低，做了将军之后，草莽之气并没有改变多少，吴国上层官员不少人都看不起他这个目不识丁的粗鲁将军，经常找机会嘲笑和戏弄他。吴王孙权知道后，就劝他多读些书，增长一下知识和才干，免得再被同僚们耻笑。吕蒙却百般推脱，说"军中的事情忙得我脚不沾地，哪里有时间去读书呀？"孙权就问："你的军务很忙，但是有我忙吗？我每天都会从百忙之中抽出身来读书，汉光武帝身为一国之君，日理万机，但是仍能在繁忙的国务中静心读书，做到手不释卷。你应该向他学习呀，免得以后在朝堂上抬不起头来。"吕蒙听后，深受感动。从此之后，为了不再让同僚们耻笑，开始发奋读书。由于吕蒙天资聪颖，又十分勤奋，所以进步很快。短短几年的时间里就成为一个博古通今、满腹经纶的儒将。许多皓首穷经的鸿儒都望尘莫及。

周瑜死后，鲁肃继任吴国的军事统帅，领军镇守陆口。一天，鲁肃路过吕蒙的兵营，由于平日里瞧不起吕蒙的不学无术，就懒得进帐去看他。后来在随从的劝说之下，才不情愿地礼节性地来拜访吕蒙。吕蒙盛情招待了鲁肃，并问他："你身为大都督，肩负重任，与关羽为邻，打算如何处理两国之间的关系呢？"鲁肃一时不知如何回答，就只好顾左右而言他。吕蒙进一步指出："吴蜀两国如今尽管已经和亲，齐心抗曹，但是关羽素来瞧不起我们吴国，必定会成为我们的心腹之患，都督您千万不可掉以轻心呀。"随后，吕蒙当场写下五条计策请鲁肃过目。鲁肃看罢，心里惭愧不已，对吕蒙也是佩服有加，感慨地拍着他的肩膀说："我一直以为老兄是个只会舞枪动刀的大老粗，没想到你却是满腹经纶的大才子啊。"

吕蒙听后，笑着说："士别三日当刮目相看，更何况你我之别，已经不止三日了呀。"

吕蒙经过长期的学习，终于成为一名理论和实战经验都很丰富的将领。后来，在荆州之战中，一举击败了蜀国大将关羽，为吴国的建立立下了汗马功劳。从此之后，这位后起之秀也让魏蜀两国君主刮目相看了。

吕蒙由一介武夫转型为一名儒将，主要靠的是读书学习和不断地充电。如果他一意孤行，不去学习，恐怕永远都是那个吴下阿蒙了。由此可见，学习本身具有巨大的能量，它能够充实一个人，改变一个人。

我们要想在这个竞争激烈的社会中立足，要想适应这个社会，就应该积极主动地学习，要具备终生学习的毅力。因为只有不断地学习新知识，才能够增长新能力，才能够具有更强的竞争力，才能成为一个与时俱进的人。

在学习中找到快乐

从小学起，我们就被一些"书山有路勤为径，学海无涯苦作舟"的格言灌输着、诱导着。因此，对于学习的认识，许多人都认为是苦恼的、枯燥的、艰苦的。对于一些不能吃苦的人来说，学习，简直比受刑还要难受。他们提起学习就头疼，看到书本就昏昏欲睡，如果有人苦劝他们去多学习的话，他们就会表现得非常苦恼，甚至还会夸张地递给对方一把刀说："你还是杀了我吧，我宁愿去死也不去受那份罪。"

当你坐在电脑桌前废寝忘食玩网络游戏，连上厕所的时间都没有的时候，怎么就不嫌时间长？过程累？怎么就不感到痛苦呢？当别人问你这个问题的时候，你绝对会振振有词，底气十足地说："因为我喜欢呀，我能在玩游戏的时候找到快乐啊。"——原因就在这里。你觉得学习非常枯燥无味，问题并不在于学习本身，而是在于你的心态。你认为学习是乏味的，艰苦的，只是因为你不喜欢它，对它缺乏必要的兴趣和热情。假如你能把学习当成是一种兴趣爱好的话，恐怕就不会再感到烦恼了。

要想在学习中没有烦恼，就应该从中找到快乐，要想从中找到快乐，就应该把学习当成一种乐趣。孔子有一句话说得好："知之者不如好之者，好之者不如乐之者。"了解知识的人不如爱好知识的人；爱好知识的人不如以学知识为快乐的人。这句话为我们揭示了一个取得好的学习效果的秘密，那就是在学习中找到快乐，将追求知识当成一件快乐的事。正所谓"兴趣是最好的老师"，当你对一些知识产生了兴趣之后，自然就会比别人学得好，也就不会再出现疲倦和烦恼了。

汉光武帝刘秀是东汉的开国皇帝。他即位之后，改革前朝弊政、废除苛法，精简官吏，维护社会秩序，兴修水利，劝课农桑，发展农业生产，使人民的生活水平得到了改善，同时也实现了汉王朝的中兴。

刘秀既是一个雄才大略勤于政事的皇帝，又是一个喜欢学习的人。他在六十多岁的时候还坚持上朝，一直到日落之后才回宫。回到宫里之后，他顾不上休息，就开始阅读经史义理方面的书。有时候，为了弄明白一个问题，就召集公卿大臣们前来讨论，直到深夜才上床休息。皇太子见他年龄这么大了，就劝谏说"陛下有大禹、商汤那样的贤明，却丢失了黄帝、老子的养身之道。但愿从此颐养精神，优悠安宁"。意思是您有大禹、商汤那样的贤明，但是却丢失了黄帝、老子的养身之道，不利于您的健康，希望您以后能够注意休息，过清闲的日子。刘秀听后，不以为然，摇摇头说："我自乐此，不为疲也。"意思是我乐于这样，不感到疲劳啊。

这就是乐此不疲的故事。一个老人每天都要学习到深夜，无论是体力上还是精力上都是吃不消的。不过，刘秀却非常喜欢学习，能够从学习中找到快乐，因此也就不会感到疲劳了。

人们常说："知之深，则爱之切，爱之切，则知之深。"这句话是很有道理的。兴趣与认识和情感有着密切的联系。如果一个人对某项事物没有认识，也就不会产生情感，因而也就不会对它发生兴趣。相反，认识越深刻，情感越丰富，兴趣也就越浓厚，学习起来也就会感到非常的快乐。

"知之者不如好之者，好之者不如乐之者。"这是一句非常简单的话，但是实施起来还有一定的难度。那么，我们该怎样成为乐之者，从学习中找到乐趣呢？有以下方法可供参考：

1. 增强学习快感，培养直接兴趣

著名的物理学家杨振宁先生说过，他从来不赞成有人说他是刻苦学习的，因为他在学习中没有感到苦，相反，他还从中体会到了无穷的快乐。因此，如果学习能够给我们带来快乐的话，就不会再有任何的苦可言了。对于大多数人来说，短时间内从学习中得到快乐并不是一件容易的事，那么，我们就不妨从自己感兴趣的地方开始做起。自己喜欢什么，就学习什么。当我们学习自己喜欢的东西时，就不会有压抑感和厌恶感，同时会体验到学习的快感。

2. 明确学习的目的，培养间接兴趣

自古以来，中国人就主张学以致用，有目的地学习。一旦学习有了明确的目标之后，人就会有强大的动力支撑，从而主动地去对某些知识进行钻研。等到学习上一段时间之后，我们的目的就可能实现了。但是在实现之后，由于自己学习某些知识时间长了，同时也就从深度或广度上对其产生了浓厚的兴趣。到了那个时候，想让你放弃学习恐怕都不可能了。

3. 营造有助于培养学习兴趣的外部环境

良好的外部环境是事物发展的外因，能够对具体事物的发展起到促进作用。假如一个人的自制力不强，学习的动力不大，又有着较强的求知欲，就应该营造一个良好的外部学习环境。当然，由于家庭氛围等原因，营造外部环境可能有一些难度，那么，在这个时候我们不妨走出去，寻找适合学习的空间，如公共图书馆里的自习室，当你走进自习室，就会被一些勤奋好学的人所感染，主动地加入他们的圈子中去。当你在这个圈子里待得时间久了，你也就逐渐能够从学习中找到快乐了。

不耻下问，三人行必有我师

孔圉是春秋时期卫国的大夫。他死后，卫国国君赐谥号为"文"，因此，后人就尊称他为"孔文子"。而孔子的学生子贡也是卫国人，他认为孔圉不配拥有这么高的评价。他在思考无果之后，就带着疑惑请教孔子："孔文子何以谓之文也？"孔子回答说："敏而好学，不耻下问，是以谓之文也。"即"孔圉为人勤奋好学，脑子又聪明灵活，难能可贵的是，如果碰到了不懂的事情，他就会主动向别人请教。哪怕对方的地位不如他，他也会大方而又谦虚地请教，一点儿也不会感到耻辱。因此，他的谥号才叫'文'的"。子贡听后，终于服气了。

成语"不耻下问"正是从这段对话中得来的。其实，孔子在说这句话的时候，不仅仅是在评价孔圉，同时也是在说他自己。孔子之所以成为博学多才的大圣人，就在于他这种不耻下问、勤奋好学、虚怀若谷的求学态度。孔子的一生，是学习的一生。他一遍遍地向学生讲述着"学而不厌"的道理，他坚信"三人行必有我师"的格言，常常虚心地向别人求教。故而，也就有了"学无常师"的说法。他在周游列国的时候，先后向郯子、苌弘、师襄、老聃等人学习过，据说，他还从一个稚童那里学来了不少东西。

一个人要想在学习上有所建树，仅仅依靠良好的学习习惯是远远不够的，同时还要有良好的学习态度。假如一个人只知道死读书本知识，不愿意和别人交流，他的成绩终归是有限的。再者，每个人都有与众不同的经历和特长，每个人的身上都有值得别人学习的地方。如果我们忽视了这一点，必将给自己的学习带来损失。

我们生活在一个自由的社会中，人与人之间在法律地位上都是平等的。因此，也就没有了古代社会的高下贵贱之分，这就为我们向别人学习提供了良好的社会基础，当我们遇到一些疑惑的时候，应该主动向别人进行询问，不必不好意思，更不可不懂装懂。

可惜的是，在现实生活中，有许多好面子的人在遇到了疑难问题的时候，总是喜欢藏着掖着，既不承认自己的缺点，又不愿意主动向别人请教。他们觉得，向别人请教就会显得自己没本事，也很容易会遭到别人的耻笑。在虚荣心的支配之下，他们要么不懂装懂，要么跳过问题，要么就是什么都不问。随着时间的延长，问题的增多，他们在求学路上遇到的困难就越来越多。其实，向别人请教并没有什么难为情的，别人既不会嘲笑你，也不会难为你，反而还会尽其所能地帮助你。道理很简单，当你向别人请教的时候，就表达了对对方知识和能力的认可，也表达了对对方的尊重，别人自然就会热情地为你做一些事情了。

除了勤学之外，我们还要好问。那么，究竟该如何做呢？不妨注意以下几点：

1. 不能看不起别人

在现实生活中，有许多自命不凡、自高自大的人，他们总觉得自己天下第一，没有人能比他们懂得多，也没人比他们的本领大。因此，他们总是喜欢用俯视的眼光来看人。一个人一旦有了这样的态度，是永远不会向别人请教的。他们在学习的过程中遇到了不懂的问题，即便是知道某个人能够帮助他们解除疑惑，也不会主动请教。因为他们拉不下来脸面，不愿意让别人看到他们不足的一面。

每个人都是与众不同的生命个体，每个人都有自己优秀的一面。我们没有理由看不起别人。或许，你的财富比别人多，你的能力比别人强，你的文凭比别人高。但是，这并不代表你就高人一等。事实上，看不起别人的人往往才是一些井底之蛙，而那些真正有本事的人大多很谦虚。假如你想取得超过普通人的成就，首先就应该把自己当成普通人并尊重普通人。

2. 学习时，要保持谦虚的心态

无论是读书也好，还是学习一些技术知识也罢，都应该保持谦虚的心态。你绝不能因为自己读的书多就放弃了阅读，也不能因为自己的工作经验丰富就放弃了进一步的追求。在学习的时候，别把自己看得太高，而应该放低姿态，要求自己去做一名学生。只有心态对了，你才能够主动地去学习。在学习的时候，遇到了一些不懂的问题，你非但不会感到苦恼，还会觉得这是一个提升自己的机会。

3. 及时地请教他人

有些人在学习的时候，遇到了一些不懂的问题，只是简单地做一下标记就不管了。这是不对的，或许，你在做标记的时候还想着抽出时间向别人请教，但是，如果你喜欢拖延的话，时间久了，你就可能把这些东西忘掉了。久而久之，你不懂的问题非但没有得到解决，反而会越积越多，这样必将影响你的学习效果。故而，遇到了不懂的问题，就应该在最短的时间内去向别人请教。

选择适合自己的读书方式

《诗经》是孔子最喜欢的读物之一。他读《诗经》一是为了了解周朝人的民俗生活：二是为了了解老百姓的心声，以便为上层贵族的执政提供参考；三是为了陶冶自己的情操。他除了自己翻阅之外，还常常让学生阅读。他说："小子何莫学夫诗，诗，可以兴，可以观，可以群，可以怨。迩之事父。远之事君；多识于鸟兽草木之名。"意思是说，年轻人为什么不多读读《诗经》呢，它可以激发人们的感情，可帮助人们观察和了解社会生活，也可以使人懂得如何和别人相处，还可以抒发内心的真实感情。从近处来说，可以用它来侍奉父母双亲，从远处来说，可以用它来为君王效力，另外，还能够多知道一些鸟兽草木的名称。

往深处引申一下，我们就会发现，孔子谈论读《诗经》的好处的时候，同时也是在告诉我们，读书应该根据自己的需要出发，选择适合自己的方式。这句话对我们来说有着极其重要的指导意义。就拿儒家经典来说吧，身为一名中国人，如果不去读这些东西，就无法了解中华民族文化的精髓，也就无法修身养性，更好地为人处世。但是，在读这些东西的时候需要明白，我们不是为了搞学术，做研究，因此，也就没有必要去思考一些性善还是性恶的问题，也没有必要去辨别历代对这些典籍注释谁对谁错的问题，更没有必要在意孔子是唯物主义还是唯心主义的问题。我们需要做的，只是从中得到适合自己需要的东西罢了。

要想在读书中了解自己需要的东西，首先应该选择适合自己的读书方式。如果方式不对，就可能出现南辕北辙、事与愿违的局面。那么，什么才是适合自己的方法呢？怎样读书才能有效呢？我们不妨按照以下几个方法来做：

1. 首先看读书的目的

如果我们读书的目的是修身养性、陶冶情操的话，就没有必要在一些细节性的东西上太过用心，只需了解大致意思即可。这样做并不是我们不认真不仔细，而是因为太过认真只会浪费自己的时间和精力。因此，在这个时候，就不妨采取陶渊明先生"好读书而不求甚解"的方式。

如果我们读书是为了研究，就应该多读一些专业性较强、知名度较高的书。在读书的时候，不仅要用眼，还需要用脑和手，同时还要做一些读书笔记和评论分析。

2. 先博后专

博就是博览群书，专则是有选择性地读书。对于很多人来说，读书是为了获取知识，但是在获取知识之前却不知道具体需要什么样的知识。那么，我们就不妨先在数量上下一番功夫，多层次、多方位地去读一些书。当我们对各方面的书籍都有所涉猎之后，就能够挑出哪些是自己感兴趣的，哪些是自己不感兴趣的，从而完成由数量到质量的转变。

3. 读人文方面的书的时候，要多注重思想性

人文方面的书对于非文学圈的人来说，提供的不是写作的技巧，而是个人涵养、人文关怀、处世智慧等东西。在读这些书的时候，我们没有必要去看段落的安排、句读的布置，而是应该注重一下作者的思想，了解作者想要表达的意思。如果感觉哪段话比较有意思，或者是比较深刻，不妨把它们摘抄下来，或者是撰写一些个人心得，写一些评论或感想之类的东西。这样做，有利于个人思想和情感的升华。

4. 要有选择能力

无论是出于何种目的读书，读什么样的书，我们都要有选择的能力。每个人的时间都是有限的，而书却是大量的，如果我们不加选择地去读书，非但不会让精神境界和知识能力得到提高，反而还可能使精神出现恍惚，到时候恐怕就难以有所建树了。尽管读的书很多，但是，脑子里面充满了别人的思想，丧失了独立的精神，弄得自己非常矛盾。这样的读书方式，实不可取。

叔本华说过，"别把自己的大脑当成别人思想的跑马场"。大脑是自

已的，如果任由别人的思想在其中纵横驰骋，那么，你就会成为一个非常悲哀的人。故而，拥有选择能力就显得格外重要。

学习要专心致志，不能三心二意

《论语·述而》中记载了这样一句话，"子在齐闻《韶》，三月不知肉味，曰：'不图为乐之至于斯也'"。宋代理学家朱熹看到这个故事后说道："盖心一于是，而不及乎他也。"意思是说，孔子把所有的精力都放在了韶乐上，为了了解这首音乐，他根本没有精力和心思去做其他的事。

孔子对音乐情有独钟，终日弹琴演唱，如痴如醉，常常忘形地手舞足蹈。其用心之专一，非常人所能及。汉代史学家司马迁在《史记》中讲了这样一个故事。

孔子向师襄子学习弹琴，一首曲子一连学了十天，师襄子说："可以学些新曲了。"孔子说："我已经熟习乐曲的形式了，但还没有熟练地掌握弹琴的技法。"过了些时候，师襄子又说："你已熟习弹琴的技法了，可以学些新曲子了。"孔子说："我还没有领会乐曲的意境。"又过了一段时间，师襄子说："你已经熟悉乐曲的意境了，可以学些新曲了。"孔子说："我还没有体会出作曲者是怎样的一个人。"过了些时候，孔子肃穆沉静，深思着什么，接着又心旷神怡，显出释然的样子，说："我体会出作曲者是个什么样的人了，他的肤色黝黑，身材高大，目光明亮而深邃，好像一个统治四方的王者，除了周文王又有谁能够如此呢？"师襄子恭敬地离开座位给孔子拜了两拜，说："这首曲子就是《文王操》呀。"

对于音乐，孔子不仅熟习乐曲，熟练掌握弹奏的技法，而且能够从中领会乐曲的意蕴志向，甚至体会到了乐曲作者为何人。他能取得如此大的成就，和他的用心、专一是分不开的。

在现实生活中，立志向孔子学习的人很多，但是能够达到他那种专心致志的境界的人却实在不多。有很多人无论是读书还是学习，总是喜欢三心二意，手里虽然拿着书本，心却跑到了其他事情上。一个人如果抱着这样的态度去学习，只会对自己的学习产生不利的影响。为了使自己的学习更有效果，我们就应该在专心治学上下一番功夫。那么，具体该怎样做呢？

1. 运用积极目标的力量

当你给自己设定了一个积极的目标时，就会发现，你能够在非常短的时间之内集中注意力，使你的能力迅速地提高。

在战争中，将兵力漫无目的地分散开，被敌人各个击破，是败军之将的做法。这和我们在学习、工作和事业上有共同之处，如果将自己的精力漫无目的地分散开来，必将一无所成。所以，我们应该将自己的力量集中起来，集中注意力向着积极的目标迈近。

2. 培养对专心素质的兴趣

你一旦对专心素质产生了兴趣，你就能够给自己设置很多训练的科目，也会积极主动地去寻找训练的方式和手段。那么，接下来，你就会在很短的时间之内去完成自我训练。如此一来，你就会发现自己的身上具有了那些著名的思想家、文学家、政治家、军事家所具有的专心致志、集中注意力的能力。到了那个时候，你想分心都会比较困难。

3. 要相信自己能专心做事

有些人在学习的时候总是有一种莫名的自卑心理。他们认为，自己小时候患有多动症，长大了也经常注意力不集中，无论是在学习还是在做事上，总是处于被动的状态，根本不可能专心致志地去做想做的事。人，有了担忧的想法，就会给自己不良的暗示，在做事的时候就会底气不足，一旦底气不足，就很容易分心，一旦分心，学习就不会取得好效果。

对于绝大多数有志于努力学习的人来说，首先需要做的就是树立这方面的自信心。相信自己具备迅速提升注意力的能力，能够掌握专心学习的方法。有了信心，也就初步具备了专心的素质，接下来进行一定时间的训练，就能够有一个质的飞跃。

4. 善于排除外界因素的干扰

当我们想做某些事情的时候，总会有一些外界的因素来干扰自己，无法使自己静下心来。要想不让外界的负面因素干扰我们的情绪，就应该具备抗干扰的能力。

要想训练这种能力其实非常简单，无论外界环境多么嘈杂，无论别人对我们如何冷嘲热讽，我们做到置若罔闻就行了。当外界因素已经不再影响我们的时候，我们就能心无旁骛地去学习了。

5. 排除内心的干扰因素

春秋时期《孟子·离娄下》一书中记载了弈秋教棋的故事："秋，国之善弈者也。使弈秋诲二人弈，其一专心致志，唯弈秋之为听；一人虽听之，一心以为鸿鹄将至，思援弓缴而射之，虽与之俱学，弗若之矣。为是其智弗若软？曰非然也。"两个学下棋的人，在同样的环境之下，一个人能够专心致志，另一个人却想着如何去射大雁。这就说明，除了外部环境的干扰之外，内心的因素也会影响学习的态度。我们要想专心致志地学习自己喜欢的东西，就应该克服内心的干扰，不去想那些和学习不相干的事情。这一点是很重要的，只有做到了这一点，专心致志的治学态度才不会成为空话。

不仅要学，更要注重实践

学以致用一直是儒家提倡的学习观。孔子曾经对那些只懂得理论却不会实践的人进行了一番嘲讽。他说："诵《诗》三百，授之以政，不达；使于四方，不能专对。虽多，亦奚以为？"一个人把《诗经》读得滚瓜烂熟，把政务交给他，他却一件也办不来，让他去出使别的国家，却不能赋诗随即应答。即使把《诗经》翻烂了，又有什么用呢？

只了解书本知识，只懂得一些理论，却无法将这些理论运用到实践当中，这样的人总是被人称为"书呆子"。他们满口之乎者也，子曰诗云，却连最基本的处理事务的能力都没有，难免会让人挖苦和嘲笑。

古语说："百无一用是书生。"为什么要这样说呢，书生真的没用吗，绝不是，归根结底还是因为有一些书生只是一些死脑子，只会死读书，不会灵活运用。让他们办事，要么办不了，要么就是把事情办砸。这样的人，成事不足，败事有余，难免会被人瞧不起。

从前，有一个叫刘羽冲的人，自幼喜欢读书，并且十分相信书上的学问。有一次，他得到了一本兵书，就苦心钻研了很长时间。当他把书上的知识都背熟之后，自以为可以做一个统领十万大军的元帅了。这时，正好有人聚众造反，刘羽冲就自告奋勇地训练了一支乡勇前去镇压。在和叛贼作战的时候，没有实战经验的刘羽冲被打得狼狈逃窜，还险些成为叛军的俘虏。

后来，刘羽冲又得到了一本水利方面的书。他拿回家又刻苦钻研了大半年的时间，并自以为掌握了兴修水利的方法，自诩为李冰再世，大言不惭地宣称能够将千里贫瘠的土地改造成良田。州官听说他的大名之后，就把他找来，让他去修建水利工程。他接过任务之后，既不懂得向当地百姓询问实际情况，又不愿意分析实际地形，只知道生搬硬套书本上的知识。

结果水利工程修完没多久，天降大雨，洪水冲破堤坝，沿着渠道进入了村庄，很多老百姓都遭了殃，不但房子被冲垮了，更有甚者，还丢失了性命。

接连遭受打击的刘羽冲精神一下子就垮了下来。他一直苦苦思索："难道是古人骗了我吗？"在他还没有想明白的时候就一命呜呼了。

刘羽冲喜欢读书并没有错，古人说的也没有错。错就错在他只知道生搬硬套书本上的知识，不懂得理论与实践相结合的道理。自以为读上两本书就才高八斗，行军打仗兴修水利可以不费吹灰之力就能完成，然而，事情并不像他想象的那般简单，结果非但自己碰了壁，还使一些无辜的人跟着遭殃。

陆游有诗云："纸上得来终觉浅，绝知此事要躬行。"意在告诉我们，从书本上得到的知识终归是浅薄的，要想认识事物或事理的本质，最终还必须依靠亲身的实践。学习不能仅仅停留在书本知识上，还要懂得灵活运用于实践当中。一个人的认识如果只停留在书本上，那么他就会再次上演纸上谈兵的悲剧。

我们处在一个科学发展日新月异的时代里，如果只知道死啃书本，盲目地学习理论知识，却不愿意培养自己的动手能力，不会将知识应用到实践当中的话，那么，我们所学的知识就会失去其应有的作用，我们也就可能沦为"高分低能"的可怜虫。其实，古人在这一点上已经有了清醒的认识，《弟子规》中说："不力行，但学文；长浮华，成何人。"意思是说，只知道掌握这些理论知识，不懂得学以致用的话，纵使空有满腹才华，又能有什么出息呢，故而，只有学会把理论与实践结合起来才能获得成功。

要想让自己学到的知识发挥应有的作用，我们就应该坚持理论与实践相结合的学习观。在学习中要注意如下两点：

1. 不要为了学习而学习

学习的目的是为了更好地实践，而不是为了得到一个较高的分数，也不是为了显示自己的博学多才。如果没有这方面的认识，只是为了学习而学习，无论取得的成绩多么优秀，都不会有大的用处。

2. 学习既要走进去，还要走出来

走进去就是指对某个知识某种学问进行深入广泛的研究，走出来则是将所学到的知识运用到实践中来，更多的和实践相结合。我们常说，真理是经得起实践考验的，其实，文化知识也同样如此。我们在学习的时候，应该抱着辩证的态度去对待，在学习的时候，应该坚持学以致用，从书本中走出来，用实践来检验所学的文化知识。

第5章

取"信"于人：忠诚守信，诚"信"走天下

"信"既是儒家实现"仁"的重要条件之一，又是其道德修养的内容之一。儒家把"信"作为立国、治国和做人的根本。"信"作为儒家的伦理范畴，意为诚实，讲信用，不虚伪。我们生活在这个社会上，要想取得别人的信任，就应该注重"信"的道德修养。在工作上不能玩忽职守，在人际交往中不能失信于人。

忠于职守，誓死恪守职责

忠诚是儒家一直所提倡的做人做事的态度，儒学者们认为，只有忠于职守，诚实做事，才能够成就大事。因此，孔子和他的弟子们，曾多次向人阐述忠诚的重要性。比如，孔子的"居之无倦，行之以忠"，曾子的"可以托六尺之孤，可以寄百里之命，临大节而不可夺也。君子人与？君子人也"。由此可见，为人忠诚始终贯穿着儒家又明，忠诚也是"仁德"的一种表现形式。

几千年来，中华民族留下了许多忠诚之士的可歌可泣的故事，比如，田横五百士和文天祥等的故事。不过，近些年来，有些人对他们的事迹总是嗤之以鼻，认为这是封建愚忠思想，已经明显不符合现代社会的发展潮流。这种观点并不是毫无道理，不过，我们可以变通一下，即抛却忠君爱国的外在形式，只取忠于职守这一条。尽管现在没有了君主，但是，我们还有许多需要忠诚对待的对象，如国家、集体以及我们所从事的工作等。

忠诚是居于主导地位的人格，对人的工作生活以及受到的社会舆论起

着支配的作用。忠诚不是消极被动地被生活影响着，而是在规范着一个人该怎样做，以及如何才能捍卫自己的人格尊严。如果一个人抛弃了忠诚的做人原则，就会在各种诱惑中迷失，当一些意外发生的时候，他就很可能出现叛变失节的行为。如此一来，他虽然会得到暂时的利益，但是却损害了集体或者是别人的利益，他的人格也会因此受到质疑。最终，他将会背上一辈子的污点，他也会在痛苦和悔恨中度过。

在2007年的《感动中国》上，听到这样一番话："烟笼大地，声震蓝天；星陨大地，魂归长天，他有22年的飞行生涯，可命运却只给他16秒，他是一名军人，自然把生命的天平向人民倾斜。飞机无法转弯，他只能让自己的生命改变航向……"这是在说英雄飞行员李剑英。他在危急时刻，放弃了逃生的机会，而是选择了一种悲壮的形式表达了一个飞行员忠于人民的高贵品质。

2006年11月14日上午12时许，李剑英驾驶一架某型歼击机准备着陆，没想到却撞到了鸽群，发动机严重受损，随时有爆炸的危险。他在12时4分9秒发出"调整跳伞"的紧急呼叫；到15秒时，他请示迫降；18秒时，他收起了起落架，实行迫降；当12点4分25秒时，一声爆炸声划破了神州大地的宁静，飞机灰飞烟灭，爆炸声持续了两个小时，最后在残骸断片中归于寂静，他壮烈牺牲了，人们只找到了他烧焦的躯体。为什么在16秒当中，李剑英放弃了三次逃生的机会，而选择了迫降？原来机上载有800多公升的汽油和120余发炮弹、1枚火箭弹以及许多易燃的氧气瓶……

飞机在发生险情而又无法挽救时，跳伞是空军飞行条令赋予飞行员的权利，也是安全系数较大的选择。但是，为什么李剑英放弃了跳伞的机会而选择了调转机头呢？后来，调查人员来到现场发现，从鸽群撞机点到飞机坠毁点两侧680米范围内，分布着7个自然村、一处高速公路收费站和一个砖瓦厂，共814户人家。载着大量易爆物品的飞机一旦失去控制坠入村庄，将像一颗重磅炸弹一样爆炸，后果不堪设想。当时李剑英也正是看到了这一点，才改变了跳伞的决定。他用自己的死，来换回了几千人的生。

在最后的16秒里，李剑英毅然决然地做出了死亡的选择。做出这样的选择，需要很大的勇气，这种勇气来源于他对人民的无限热爱，更来源于他恪守职责的精神。他知道，一名军人无论在任何时候都不能放弃对人民的责任，最终他用死亡来履行了一个人民子弟兵的责任。

看到李剑英的故事，我们应该深思：在自己工作岗位上，究竟有多少人恪守职责，我们是否会坦然面对自己的工作？对于绝大多数人来说，所从事的工作并没有如此大的风险，也没有必要用生命的代价来忠于职守。但是，为什么还有人对待自己的工作不忠诚呢？和李剑英相比，我们应该感到惭愧。

忠诚，忠于自己的职责，是对一个人最基本的要求。鲁迪亚德说过："没有谁必须要成为富人或成为伟人，也没有谁必须要成为一个聪明的人；但是，每一个人必须要做一个忠诚的人。"

无论我们从事什么样的工作，都应该忠于职守，绝不能做出背叛公司和集体的事情。然而，在如今的社会环境中，我们有时会看到这样的报道："某某公司的销售人员卷款潜逃""某某公司的技术开发人员将公司的技术秘密泄露给了竞争对手""某某公司的高层主管跳槽带走了公司一大批人才"这些人缺少最基本的职业道德，也缺少最基本的做人原则。或许，他们会得到一定的"甜头"，但是，这些人迟早会遭到社会和他人的唾弃。

忠于职守是忠诚的表现，是永不过时的美德。当我们忠实于自己的公司，忠实于自己的老板，忠实于自己的国家，能够和别人同舟共济，共赴难关的时候，就能够获得一种强大的力量，我们的人生才会更有意义。反之，如果我们对自己所从事的工作没有任何责任感，也没有忠诚心，整日使自己处于尔虞我诈的环境之中，那么，你就会活得非常累，最终会蒙受更大的损失。

以诚待人，诚信是为人的根本

自古以来，诚信就被人们当成为人处世的根本。一个人不讲诚信，缺乏信用的话，他就会遭到人们的唾弃和疏远，一个公司如果不讲信用，就会受到巨大的损失，甚至还会影响到企业的生存和发展。一个国家不讲信用，只知道用谎言欺骗大众，就会失去存在的基础，最终被人们所推翻。故而，孔子就留下了"民无信不立""人而无信不知其可也""言必行，行必果"之类的格言。孟子也一再强调"诚者，天之道也；思诚者，人之道也"的道理。

有一次，孔子的学生子张向孔子询问怎样才能够让自己的政令通达。孔子告诉他："说话忠诚守信，行为笃实严谨，即使到了边远的地区，也能够让政令通达。如果说话不忠诚守信，行为不笃实严谨，哪怕是在本乡本土也行不通。当你站立的时候，就应该仿佛看见'忠信笃实'这几个字摆在面前，坐车的时候好像看到这几个字嵌刻在横木上，就能够处处通达了。"子张听从了老师的教导，就把孔子说的话记在了束腰的大带上。

孔子的要求很简单，就是让子张把"忠信笃敬"四个字作为座右铭印在脑子里，融化于血液中，落实到行动上。做到了这一点，无论做官也好，做事也罢，都能够取得明显的效果了。

古代开明的统治者都非常重视以诚信换取民心。其中最著名的就是战国时期商鞅立木取信的故事。他在实施变法之前，就在都城的南门放了一根木桩。贴出告示说，如果有谁能够把这根木桩扛到城北门，就赏金10两。老百姓们都觉得非常稀罕，但是每个人都持怀疑态度，认为这个官员以欺骗他们为乐。商鞅见状，就换了告示，将赏金提高到了50两。告示贴出去之后，有一个人就将这根木桩扛到了北门。商鞅马上兑现诺言，将50两黄金送给了他。老百姓们见了之后，纷纷称赞商鞅言而有信。从此之后，人们就相信了他的变法条令。

取信于人，靠的是"言必行，行必果"的诚实做人态度，而不是花言巧语、天花乱坠般的谎言。有时候，虚假的东西固然能够骗取人们一时的信任，也能够取得一定的利益，但是，如果一个人或者是一个团体习惯了用假话欺骗人，等待他的恐怕就是一系列的恶果了。

我们现在正处在一个市场经济制度还不完善的社会环境中，有很多人为了得到更多的经济利益，喜欢采用造假欺骗人的方法。在这段时间内，这种方式给他们带来了滚滚的利润。他们尝到了甜头之后，就自以为很聪明，嘲笑别人的"傻""笨""榆木疙瘩"，按照他们的理解，只有会作假会说谎才是聪明人。他们却没有想到，假以时日，他们的丑陋面孔、卑鄙行为必将会大白于天下。三鹿奶粉、达芬奇家具的例子就是最好的证明。

无论任何时候，做人都需要有诚信意识，诚信意识是一切道德的基础和根本。如果诚信丧失了，那么，道德也会随之丧失，随之而来的也必将是一个又一个的灾难，无论是对国家还是对个人，都是如此。因此，维持或者是建设一个良好的诚信氛围，就成为每个人不可推卸的责任和义务。

有一个美国老太太，在70岁的时候和律师签订了一份契约。契约规定在老太太的有生之年，律师每个月支付给她2500美元的生活费，等她去世之后，房产归律师所有。没有想到的是，老太太竟然活了一百多岁，直到律师去世的时候，她仍然健在。在这几十年里，律师一共向她支付了将近100万美元的费用。这些钱，哪怕是用分期付款的方式也能够买下三四幢同样的房子。

这件事，从经济的角度上来讲，是非常不划算的。但是，这却是一个遵守诚信、以诚待人的好例子。对于这个律师来说，他完全可以运用自己所掌握的法律知识来终止这份赔本的"契约"。但是，他并没有这样做，而是一如既往地付给老太太生活费，直到他去世为止。这位律师虽然没有得到那套房子，但是却得到了人们的敬仰和尊重。

以诚待人，遵守诚信，有时候可能会让人失去一些东西，但是，却能够得到用金钱买不到的东西——尊重和好的名声。须知，钱财都是身外之物，我们离开这个世界的时候，能带走的只有名声。假如我们带着一个坏名声离开，恐怕也不会安心。为了让自己的人生少一些遗憾，我们就应该做诚信的人。

我们常常听到诸如"君子一言，驷马难追"之类的话，也经常见到有人在那里拍胸脯保证，说一些"掏心窝子"的话，似乎他们个个都是重义气、讲道德的人，实际上，说不定他们背地里却干着一些见不得人的勾当。须知，诚信不是说出来的，而是做出来的，他们喊得这样响，只是为了更好地欺骗别人罢了。所以，我们一定要引以为戒，不能和这样的人为伍，更不能向这些人学习，而要坚持做一个诚信的人。

做大事就要敢于担当责任

一直以来，儒家都在推崇以天下为己任的责任感，并且将这一精神归纳为忠诚意识的范畴之内，主张当仁不让，见义勇为，敢作敢当的做事方式。从孟子的"乐以天下，忧以天下"到范仲淹的"先天下之忧而忧，后天下之乐而乐"，再到顾炎武的"天下兴亡，匹夫有责"，都体现了这一精神。翻看一下儒家经典，我们会发现，那些被儒家称为圣人的人，都有一个共同点，那就是他们敢于承担责任，在责任面前不退缩，不逃避。

我们在看古装电视剧的时候，总会看到这样的台词，如"万方有罪，罪在朕躬"，这句话来源于《论语·尧曰》，全文如下："予小子履。敢用玄牡，敢昭告于皇皇后帝，不敢赦。帝臣不蔽。简在帝心。朕躬有罪，无以万方；万方有罪，罪在朕躬。"这句话比较难懂，下面我们就来解释一下。

这是商朝开国君主商汤在大旱求雨的时候说的话。在科技不发达的古代社会，人们往往将天灾视为上天的惩罚，为了让上天收回惩罚，他们就会自省，认错，用祭礼的形式进行忏悔。商汤说："下方小子履（商汤的名字），斗胆用黑色的公牛来祭祀，向伟大的天帝祷告：'有罪的人我不敢擅自赦免，臣仆的善恶我也不敢私自隐藏，这些在天帝您的心中应该是十分明白的。如果我本人有罪的话，您就惩罚我本人好了，不要牵连到万方无辜的百姓。如果都有罪的话，您就惩罚我一个人好了。'"

商汤这句"朕躬有罪，无以万方；万方有罪，罪在朕躬"，不仅体现了一个帝王的仁义之心，更体现了他敢于担当责任的气概。商汤能够成为流芳千古的明君，和他这种敢于担当的态度是分不开的。

对于一个人来说，有没有责任心都是其社会价值的重要体现。有很多成功人士，常常会说"我是主事者，我负全责"，无论面对什么样的困难，也无论面对什么样的难题，他们都不会退缩，也不会逃避，更不会寻找替罪羊。恰恰是这种责任感，非但没有给他们带来任何损害，反而让他们赢得了越来越多人的尊重。记得在营救驻伊朗的美国大使馆人质的作战计划失败后，当时的美国总统吉米·卡特立即在电视里郑重声明："一切责任在我。"仅仅因为这一句话，卡特总统的支持率骤然上升了10%以上。

人只要在做事，就意味着要负责任。你的职位越高，权力越大，你肩负的责任也就越重。如果你缺乏最基本的责任感，那么，你就会失去社会对你的认可，也会失去别人对你的信任和尊重。诚然，承担责任也就需要承担一定的风险，面对已经成了烂摊子的现实，需要你付出太多的精力和时间，甚至还会搭上你的尊严和名声。但是，勇敢地站起来担当责任，却能够减少集体或者国家的损失。哪怕当时别人不理解你，但是他们总会有认清事实的那一天。如果你连丝毫的责任心都没有，遇到了问题只是想着如何避开它，那么，你的一生只会庸庸碌碌。

勇于承担责任是一种优秀的素质。畏首畏尾的人永远成不了大气候。但是，在现实生活中，有些人却因为生性胆怯或者是其他原因，不愿意给自己"惹麻烦"。他们要么考虑事情的难度太大，要么顾虑解决不好问题会受到别人的嘲笑，因此，在遇到事情的时候，往往就会以这样或者那样的借口来躲避责任，甚至还会别有用心地将自己应该承担的责任推诿到别人的头上。这种做事方式，难免会受到别人的鄙夷。

有一位年轻人，应聘到一家公司当主管。因为怕犯错误，大事小事都要向老板请示汇报之后才敢做决定。老板说："我安排你在这个位置，就是要请你代替我拿主意，不要什么事都来问我。"年轻人无奈，只好尝试着自己做决定。但他心里还是担心出错，每天提心吊胆。工作中偶有失误，他怕担责任，就全推到具体办事的员工身上。员工当然不服，所以经常为此发生争执。老板知道这些情况后，决定辞退他，说："你是部门主管，部门工作出了任何问题，你都有责任。为什么害怕担责任呢？我并没有责怪你，你何必推卸责任呢？"

当你用一个借口把责任推脱出去的时候，也就丢失了锻炼自己的能力和心胸的机会。其实只要抬头看一下，就很容易明白，天下其实是给那些有责任感的人准备的，有责任感的人都是以人间疾苦为己任的，正是这种责任感才练就了他们上升的动力，最终使他们拥有了一番事业，而那些生活中的观望者，却很少有机会能够成为命运的主人。如果一个人什么责任都不敢承担，那么他注定会一无所有，他的人生也将毫无价值可言。故而，任何一个有上进心的人，都不甘心如此。

无论从国家、集体还是从个人的角度来说，我们都应该树立一种高度的责任感。须知，要想做大事，首先要勇于担当责任。一个没有责任心的人必定成不了大气候。

坦然承认错误，绝不文过饰非

《左传》中有这样一句话："人非圣贤，孰能无过，过而能改，善莫大焉。"在这个世界上，根本不存在没有犯过错误的人，犯一些或大或小的错误，都很正常。一个人犯了错误并不可怕，只要能够坦然地承认自己的错误，并且及时地改正，并不会影响他的个人形象和能力，如果文过饰非的话，就不妥了。然而，在现实社会中，许多人在犯了错误之后却死不认错，满口狡辩，不是极力掩饰，就是推卸于他人。这样的人，就是孔子口中典型的"有过必也文"的小人，自然不会受到别人的欢迎。

每个人多多少少有一些自尊心、虚荣心，但是，没有必要为了自尊心和虚荣心就去扭曲事实，文过饰非。如果你为了面子而编造一些谎言，短期内或许能够起到一些效果，但是时间久了，就会犯下更大的错误，导致更加严重的后果。到了那个时候，你就会后悔莫及。下面，我们来看一个故事：

汉武帝刘彻16岁登基，在位54年。他勇于改革，历经了艰难困苦的抉择，超越了千难万险的困境，平定了内乱，粉碎了匈奴，通达了西域，使汉朝扬威世界。当然，由于自己的特殊地位，再加上错综复杂的朝野纠葛和内忧外患的困扰，汉武帝在采取一系列政治军事行动的时候，总是有意或无意地犯下一些错误，以至于给国家和人民带来了深重的灾难。

作为一个"永远正确"的九五之尊，汉武帝不承认错误也没有人敢追究他的责任。但是，在高度责任感的促使之下，他在晚年时，主动而又深刻地反省了自己的过错，同时做出了痛苦而又坦诚的自责。他发出了"汉匈不能再打了"的声音，同时又以实际行动来改正自己的错误。他颁布《罢轮台屯田诏》诏书，向天下人承认自己的错误，结束对外战争，把注意力转移到国内的生产上；痛下决心杀掉了搞阴谋诡计的贰师将军李广利和丞相刘屈氂；硬着心肠处决了他曾经深爱却参与叛乱的钩弋夫人；宽容了对他大不敬的司马迁，也放过了对汉朝颇有微词的《史记》……做完了这些事情之后，汉武帝去世了，但是继任者按照他既定的方针贯彻下去，大汉朝又沿着正常的轨道发展下去，不但避免了"袭亡秦之迹"的结果，还出现了"昭宣中兴"的盛世局面。

汉武帝生前犯过很多错误，但他没有文过饰非，更没有把烂摊子推给下一代，而是在临终之前进行了及时的改正。所以，后世人不但记住了他的丰功伟绩，还记住了他那份过而能改的心胸。

　　要想成为一个诚信的人，要想成就一番大事业，就应该勇于承认自己的错误，文过饰非，不仅会对自己产生消极的影响，还会让别人更加看不起你。故而，在犯错误的时候，我们绝对不要给自己留下讨价还价的余地，而是要坦然地承认错误，积极地改正。

　　犯了错误之后，不能有侥幸心理，更不能有惧怕心理，只有坦然承认错误才能够挽回自己的形象和已经造成的损失。有的人在犯了错误之后，总觉得别人不知道，能够轻松地躲过去。而有的人在犯了错误之后则觉得面子上抹不开，不好意思向别人承认错误。这两种想法都是不对的。我们要明白，承认错误的根本目的是在拯救自己，如果不愿意承认错误的话，就可能会让自己陷入更加荒谬的深渊里。如果因为爱面子而做无用的狡辩，你的形象将会大打折扣，你的处境也会更加尴尬。

　　有一些人在犯了错之后，知道自己错在那里，但是却没有勇气承认，只是在心里告诉自己下不为例就完了。如果这个错误造成的影响是针对你个人的，还能说得过去，但是，如果这个错误对别人造成了重大的伤害，你就要主动去承认，以便恳求对方的原谅。毕竟，你在内心里忏悔上一万遍，别人不知道也是无济于事。

言必行，否则不轻许诺言

　　儒家读物《弟子规》中，"信"的开篇部分就提到："凡出言，信为先；诈与妄，奚可焉！"意思就是说，开口说话，诚信为先，答应他人的事情，一定要遵守承诺，没有能力做到的事不能随便答应，至于欺骗或花言巧语，更不能使用。这是对《论语》中"与朋友交，言而有信"的进一步解释，也是我们必须要遵守的一项为人处世的原则。在儒者们看来，和人打交道，最重要的一点就是说话必须真实，许下的承诺必须兑现，如果不能保证这一点，就宁可什么也不说。这一点是亘古不变的真理，在任何时候都不能忘记。

在我们的生活当中，有很多人缺乏最基本的诚信意识，对自己所说的话连最起码的责任心都没有。为了取得别人的好感，他们喜欢轻易地许诺，却很少考虑自己能否兑现，甚至根本就没有将许下的承诺当真。须知，言者无意，听者有心，当你以一种应付或者是玩笑的态度来做出承诺的时候，别人却有可能当真。你说完一些话转身就忘了，而别人却眼巴巴地等着你兑现诺言。如果你不能让人家满意，那么，你就会失去别人的信赖和支持。言而无信次数多了，你就会被疏远，被孤立。

某大学里某个学院的一名院长为了取得青年教师们的支持，就对他们承诺，要让他们在年前全部评上职称，最低也要给他们一个副教授的职称。后来，在他向学校申报的时候却出了问题。学校不给这个学院那么多名额。为了给青年教师们一个交代，他多次去找校领导协商，最后把腿都快跑断了，但是学校依然不批准。在这个时候，他又不愿意将实情告诉学院里的老师，于是就采取能拖就拖的方法。当别人提起这件事情的时候，他仍然做出一副志在必得的样子，说："你们就放心吧，我既然已经答应了，就一定会做到的。"

最后，学校公布了评定职称的情况，这个学院的人都感到大失所望，有几个性格比较急躁的老师见了他就当面指责："院长，你不是答应给我副教授的职称了吗，怎么到现在还没有消息呀？"学校领导听说这件事情之后，就在院长会议上公开点了他的名，批评他是"本位主义"。之后，这位院长不仅在学院里名誉扫地，而且在校领导面前也抬不起头来了。

古人说"轻诺寡信"，意思就是说，轻易地做出许诺的人，必定是一个不守信用者。故而，我们在说话的时候，一定要认真思考，看看能不能兑现诺言，如果存在一定难度的话，就应该谨慎一些，不要把话说得太满。毕竟，覆水难收，当你把话说出去的时候，想收回来就难了。

在和人交往的时候，我们应该做到言必行，行必果，如果不能做到，说话就应该谨慎一些，绝不能轻易地许下诺言。具体说来，我们应该做到如下几点：

1. 严格要求自己，端正说话态度

颜渊有云："一言既出，驷马难追。"为了避免给别人留下不讲诚信的印象，我们在平常和人交谈的过程当中，就应该严格要求自己，注意说话的态度和分寸。换句话说，也就是谨言慎行。遇到了和别人的利益相关的话题时，尤其要注意。如果自己没有十足的把握，就不要夸下海口，许下诺言。有时候，你许下诺言的时候可能只是为了表达一份热情和关心，但是在别人看来却不是这样的。当你夸下海口之后，别人就会对你抱有很大的期望，一旦不能兑现，对方的情绪就可能会陷入低谷，也就很容易对你产生抱怨或者是仇视的心理。

2. 一定要对说出的话负责，做到言行一致

在我们许下诺言的时候，绝不能持儿戏的态度，一定要坚持言必行、行必果的原则。哪怕在履行诺言的过程当中存在这样或者那样的难度，也不能轻言放弃。毕竟，别人不会去考虑你的难处，也没有心思去体谅你的苦衷，他们需要的只是一个结果，如果你不能满足他们，说什么都是无济于事。因此，当你许下承诺之后，就应该及时地去兑现，绝不能找这样或者那样的理由为自己开脱。

他人有错，要委婉相告

孔子在谈论教化大众的时候说过这样一句话："兴于诗，立于礼，成于乐。民可，使由之；不可，使知之。"意思是说，诗、礼、乐这三样东西是教育民众的基础，一定要抓好。如果人民掌握了诗、礼、乐，好让他们自由发挥；如果人民还不懂得这些东西，我们就要去教化他们，让他们知道和明

白其中的道理。这句话不仅仅是对广大劳动群众所说的，也适用于朋友和上司，就是说，当你身边的人犯了一些错误的时候，不能听之任之，而是要懂得委婉地规劝，坦诚相告，帮助他们去改正错误，走到正确的道路上来。

别人犯了错误，主动地去规劝，是"义"的表现，更是"信"的象征。这是因为，无论是作为一个朋友还是下属或者是上司，都应该尽到一份责任，不能愧对他们。如果别人犯了错误，你睁一只眼闭一只眼，任由他发展下去，就是"不信"的表现了。

在中国历史上，留下了许多"犯颜直谏"的故事和人物，千百年来，他们受到了人们的敬仰和尊敬，主要是因为他们尽到了一个大臣的责任，能够在第一时间里对犯错的君主进行劝谏。这些敢于犯颜直谏的君子们和那些阿谀奉承的小人相比，要伟大得多。当然，随着历史的发展和社会的进步，这种犯颜直谏的方式已经不值得再提倡，毕竟，生命是可贵的，为了别人的错误而付出生命的代价是不值得的。不过，这种规劝的精神还值得发扬，只不过，在规劝别人的时候要注意选择合理的方式，委婉相告，这样做，能够使犯错之人更好地改正错误，最终取得皆大欢喜的效果。

耶律楚材是金元时期著名的政治家，他先后辅佐了蒙古成吉思汗和窝阔台两名君主。在君主们犯错的时候，耶律楚材总能用一种独特的方式对他们进行规劝。

1232年，窝阔台派大将速不台率领大军攻打金国都城上京。在攻城的过程中，蒙古军遇到了金人顽强的抵抗，死伤惨重。窝阔台大怒，下令城破之时，将城内的老百姓全部杀光。——他这样做，一是为了泄愤，二是蒙古军队在作战的时候有这样的传统。

1233年，上京城被攻克，速不台上书窝阔台，准备屠城。当时，刚刚做了蒙古丞相的耶律楚材闻讯大惊失色，就匆匆忙忙赶到宫中，劝说窝阔台改变决定。他对窝阔台说："我们蒙古大军南征北战浴血奋战了几十年，还不都是为了土地和百姓吗？如果把老百姓都杀光了，要土地又有什么用呢？"

窝阔台听后，陷入沉思。但是他又说："屠城是蒙古军的惯例，一时半会儿改不了啊。"耶律楚材看他心动了，就又说："金人在上京城里经营了一百多年，那里聚集了很多中原的能工巧匠和各类珠宝，一旦屠城，这些珠宝就不复存在。"

窝阔台听了之后，终于心动了。想到白花花的珠宝，就立即下令废除了多年的屠城旧例。

在这个故事中，耶律楚材身为一名下属，不忍心看到上京被屠、文化古城被破坏，就劝阻窝阔台。在劝阻的时候，他没有讲什么仁道、正义之类的话题，而是以窝阔台的利益为出发点，向他阐述了不屠城的好处，仅仅用了几句话就让他废除了屠城的旧例。由此可见，在和别人交往的时候，我们规劝对方改正错误是好事，但是在规劝的过程中，一定要采取适当的方法，否则，很可能就会好心办坏事。

古人说："善相劝，德皆建；过不规，道两亏。"其意思是说，人和人之间应该相互勉励行善，这样做就能让彼此的道德更加完善，如果朋友有了过错却不加规劝，就会让双方的道德都有所欠缺。因此，从道义上来讲，在别人犯错的时候，我们应该及时地进行规劝。当然，规劝应该讲究技巧，如果采用"驳龙鳞"的直劝方式，很可能事与愿违。那么，怎么做才合情合理又能取得良好的效果呢？我们不妨从以下几个方面进行：

1. 站在对方的角度

很多人在规劝别人的时候，总是喜欢站在道义的角度上去讲问题，喜欢采用苦口婆心的方式来进行。这样的做法只能是隔靴搔痒，无济于事。毕竟，大道理谁都懂，当你说那些陈芝麻烂谷子之类的东西的时候，很可能会使别人的身上起鸡皮疙瘩。如果想要取得良好效果，就必须站在对方的角度上去看问题、想事情。只有站在对方的角度上，才能够让人感觉你说的是对的，才有可能让对方接受你所说的意见。

2.尽量打一些"感情"牌

有很多人在规劝别人的时候，习惯站在客观的角度，把自己放在一个旁观者的位置，扮演一个道德审判者。当你采取这种方式的时候，别人可能要么和你打哈哈，要么对你下逐客令，总之，不能起到良好的效果。因此，在规劝的时候，尽可能地打一些"感情"牌，用真情实感来感化对方。

3.适当的时候也可以正话反说

犯了错误的人大多比较固执和自负，根本就觉察不到自己错在哪里。如果你从正面角度去规劝，他可能听不进去，无论你说得多好，他也不会采纳你的意见。因此，遇到这种情况时，你不妨先迎合一下他，在吸引了他的注意力之后再将他所做的选择造成的后果夸张地说出来，来引起他的警觉。这样一来，对方就能很快地转变态度，承认错误了。

要有闻过则喜的心胸

闻过则喜不仅仅是一个心胸的问题，更是对自己高度负责的态度。道理非常简单，你要想不断地提升自己，完善自己，首先就应该经常审视一下自己，看看有哪些地方做得不够好，然后再把这些不好的地方改正。只有这样，你才能不断地取得进步。因此，别人指出了你的缺点，也就等于给你提供了有效信息，等于在帮助你完善自己。在这个时候，你就应该对别人表示感谢。这个道理非常简单，可是，在现实生活中许多人却做不到，他们一面做出虚怀若谷的样子，一面又遮遮掩掩，尽量把好的一面展示给别人，把缺点尽情地掩饰，好像自己做了什么见不得人的事似的，生怕别人批评、揭短。别人客气地恭维两句倒也罢了，如果人家对他提出了批评，要么火冒三丈，要么和人家决斗，要么表面默不作声，背地里下黑手。这种做法，无疑就是小人的行径，是被正人君子所不齿的。一个不能容忍别人批评的人，是永远不可能进步的。

任何一个成功的人，都不是心胸狭隘、骄傲自负的人，他们都有着宽阔的心胸和谦虚的心态。因为他们知道，自己的能量是有限的，自己也不可避免地会存在这样或者那样的缺点，做事难免有不完善的地方，为了改正这些不足，他们非但不会记恨那些批评他们的人，还会主动地向别人征求意见，请别人指出他们的不足。正是他们拥有这样的精神，他们才获得了常人无法取得的成就。

贞观十八年，唐太宗李世民在朝堂上对大臣们说："现在我想听听自己有什么过失，希望诸位畅所欲言，专门谈一下我的缺点，不要有什么顾虑。"大臣长孙无忌不好意思提出批评意见，就说："陛下您即位以来，励精图治，以恩德教化百姓，让天下出现了太平，没有任何过失可言。"侍中刘洎却反驳说："陛下圣德确如长孙无忌所言。但是近些年来，有些人上书奏事，如果您觉得不称心的话，就会当面诘难人家，让上书的人惭愧地退下，这样做不是褒奖进言之道，希望陛下明察。"唐太宗听了刘洎的批评，高兴地说："你说得对，今后我一定改正。"后人在读到这段故事的时候评价说，正是因为唐太宗拥有闻过则喜的心胸，才开创了名垂青史的"贞观之治"。

看一下唐太宗，再看一下现实生活中的人，就能够了解两者之间的差距了。有很多人，不是闻过则喜，而是闻过则怒，如果他是一个领导干部，就会用权势来压制对方，给提意见的人以难堪。如果他只是一般人，要么置若罔闻，不闻不问，要么问过则辩，一方面为自己开脱，另一方面则采用更加激烈的方式来回应对方。试想一下，如此心胸狭隘的人，又怎么能办得了大事呢？

孔子曾经批评那些自以为是的人。他说："愚而好自用，贱而好自专，生乎今之世，反古之道，如此者，灾及其身者也。"愚笨却喜欢自以为是，卑贱却喜欢独断专行；生在当今的世上，反用古代人的道理，这样的人，灾祸就会降临到他的身上。一个不愿意听从别人意见的人，必定是一个愚蠢的人。如果我们不想做这样的愚者，就应该端正一下态度，拓展一下心胸，怀着一种谦虚的心态来对待别人提出的意见。

诚然，别人的批评也未必全是对的，提出意见的人也难免会有一些别有用心者。但是，无论别人的批评和帮助是真心实意也好，是居心叵测也罢，我们都不能动怒。"有则改之，无则加勉"，别人批评得对，虚心接受，批评得不对，引以为戒即可。无论怎样，都不能采取偏激的方法来对待别人的批评。因为那样做只会有两个后果：第一，让真心实意帮助你的人心寒；第二，你可能会进入别有用心者的圈套之中。

为了对自己负责，我们就应该有闻过则喜的心胸。要想达到这种境界，应该做到以下两点：

1.树立正确的观念，正确面对别人的批评

很多人面对表扬的时候，总能表现得非常谦逊，但是面对批评的时候就会显得比较愤怒。这样的思想是不对的，也是很危险的。我们应该树立正确的观念，对自己有一个正确的认识，同时也要正确地面对别人的批评。当别人对你指出缺点和不足的时候，说明别人是关心你、爱护你，是真心地希望你能够认识到错误，避免带来更大的损失。哪怕别人对你的批评是无中生有、空穴来风，那也不是什么坏事，至少证明了你在对方心目中的位置。因此，面对别人的批评，你应该采取一个理智成熟的态度，而不能和自己或是别人过不去。

2.忽略批评的形式，关注批评的内容

有一些人在给我们提出批评意见的时候，难免会采用一些粗暴、不合理的方式，但是只要他的批评是对的，我们就不应该去计较他的态度，只需要从中得到有效的信息和真实的内容就可以了。假如你对别人批评的形式而耿耿于怀，就难免会给自己带来一些损失。

第6章

"中"庸之道：不偏不倚，凡事适可而止留退路

儒家思想的最高境界是中庸。中庸是理智的行为，凡事讲究适度，主张不偏不倚，适可而止，反对过于情绪化，处处走极端。对于我们来说，要想达到中庸的境界。就应该少一些浮躁和偏见，多一些理智和成熟。在为人处世上，要给别人和自己留一条后路。

不将事情做绝，凡事留退路

儒家所津津乐道的，是理性的快乐，于是中庸之道就成了他们为人处世的原则。故而，也就有了"君子中庸，小人反中庸""致中和，天地位焉，万物育焉"的说法。中庸是什么呢？它是指中等的、低调的一种做事方式，不偏向任何一端，但是可能会更接近低的那一端。如果将中庸原则运用到交往中的话，就是指做事不能太绝，要懂得为双方留下后路。

我们生活在这个社会中，无论是做人还是做事，都应该学会给双方留下可以回旋的余地，留下一条后路。话不能说得太满，事不能做得太绝。只有做到了这一点，才能够赢得足够回旋的空间，才不至于让自己遭受惨败。

中国古典四大名著之一《红楼梦》里有这样一句话："身后有余忘缩手，眼前无路想回头。"意思是说，人们风光时，凡事要留下余地，否则，一旦身陷困境，想回头就难了。无论你多么的风光、多么的强势，都有遇到困难的可能，难免就要寻求别人的帮助。如果你把事情做得太绝，无异于断了自己的退路，一旦到了求告无门的时候，恐怕后悔也来不及了。

战国时期，楚国和魏国是邻国。两国之间常常会因为领土争端等问题

发生一些矛盾，矛盾发生时也就使关系变得异常紧张。因此，两个国家就在交接地设立了边界亭，并分别派了一些兵丁把守。

两国之间经常发生一些纠纷，但是由于双方势均力敌，谁也不愿意挑起战端，故而，也就没有出现兵戈相见的情形，因此，两方的士兵也都相安无事。守卫边界期间，两国的士兵都在各自的地界上开垦了一些土地，种上了西瓜。

魏国的士兵都比较勤劳，除了出操之外，大多时间用来给西瓜除草浇水，因此西瓜的长势非常好。楚国的士兵呢，则比较懒，把西瓜籽埋进地里之后，就再也不管了，任由其自生自灭。这样一来，没过多久，双方地里的瓜秧长势就有了明显的对比。楚国人心里很不服气，但是他们又不愿意亡羊补牢，辛勤劳作，就动起了歪心思。于是，在一天夜里，几个楚国士兵就偷偷地跑到魏国的西瓜地里，把他们的西瓜秧都折断了。

魏国士兵在第二天除草的时候看到自己辛辛苦苦种的西瓜被别人糟蹋成了这个样子，非常愤怒，赶紧向魏国边境的县令报告，一致要求去破坏楚国的西瓜地。县令是一个非常明事理的人，他劝阻手下人说："既然楚国人做得不对，我们再以其人之道，还治其人之身，就是我们在学坏。这样吧，我们别去报复他们了，帮助楚国人把他们的瓜地都弄好，他们就不会再来搞破坏了。"士兵们听了，都觉得县令说得在理，于是便同意了。

楚国的兵士们原以为魏国人会来报复，没想到过了一段时间之后，报复的事情非但没有发生，相反，他们种的西瓜长势却一天比一天好了。经过调查，发现是魏国人每天晚上都帮助他们除草浇水。于是，楚国士兵就将这一消息报告给了他们的县令。县令听后，备受感动，就将这件事告诉了楚王。楚王闻讯，同样感动不已，于是，就准备了一份厚礼，派使节前往魏国致歉。从此之后，两国就改变了剑拔弩张的对峙局面，而是相互帮助，关系非常密切。

这件事，是楚国人的不对。如果魏国人报复他们也不为过。但是，如果这样做的话，只能增加两国之间的敌意，让彼此间的关系进一步恶化，还很可能导致一些争端，出现血流成河的局面。故而，魏国县令没有得理不饶人，也没有采取任何偏激的形式来报复楚国，而是以德报怨，主动派人帮助楚国人弄好瓜田。事实证明，魏国县令的做法是正确的，取得了良好的效果。

集处世经验之大成的《菜根谭》中有："留人宽绰，于己宽绰；与人方便，于己方便。""锄奸杜降，要放他一条去路。若使之一无所空，譬如塞鼠穴者，一切去路都塞尽，则一切好物俱咬破矣。"前一句的意思很浅显，后一句的意思是说，要想铲除杜绝那些邪恶奸诈之人，就要给他们一条改过自新、重新做人的路径。如果使他们走投无路、无立锥之地的话，就好像堵塞了老鼠洞一样，一切进出的道路都堵死了，一切好的东西也都被咬坏了。因此，作为一个儒者，就应该懂得给人留下余地的道理。因为给别人留下退路并不会给自己带来什么损失，还会使自己的道路越走越宽，既然如此，何乐而不为呢？

欲速则不达，不可过于心急

中庸之道是一种稳健的处世态度。既然是稳健，就要求稳重，做事不轻浮冒失，不急于求成。急于求成、浮躁冒失的处世方式不符合中庸之道，这样做非但不能取得良好的效果，还可能会使事情朝着相反的方向发展，故而，孔子对此一直持反对态度。《论语》中记载了一个子夏问政的故事：子夏为营父宰，问政。子曰："无欲速，无见小利。欲速则不达，见小利，则大事不成。"子夏在做营父地方首长的时候，特地向孔子请教。孔子告诉他，为政就要有远大的眼光，不要图快，不要贪图小利。图快反而达不到目的，贪求小利就办不成大事。

孔子为什么说"欲速则不达"呢，这是因为，一味地求急图快，违背了客观规律，后果只能是失败。这是一个非常简单的道理，然而，有很多人却不明白，只知道大干快上，谈什么一万年太久，只争朝夕，结果到头来非但没有达到目的，还把自己弄得很狼狈。在历史上，这样的例子举不胜举，比如光绪的戊戌变法，为了改变积贫积弱的局面，他竟然在短短的一个月内下了一百多条政令，结果令朝堂震惊，百姓无所适从。这样的改革，即便没有守旧势力的干涉，成功的可能性恐怕也不大。后人在看到这样的故事时，都会摇头叹息，批评光绪的急躁行为。可是，如果我们在替别人感到惋惜的同时却没有时间想一想自己的问题，最终只会落个"后人哀之而不鉴之，亦使后人复哀后人也"的下场。

有两位法律专业的大学生，一个毕业以后满心想着赚大钱，就去了律师事务所工作，而另外一个则觉得自己学业不精，提前工作并不能实现自己的梦想，于是就选择继续学习深造。他们毕业的时候只有23岁。转眼10年过去了，那个参加工作的同学已经成了鼎鼎有名的大律师，而继续深造的那个同学也结束了学习生涯，跨入了律师的行业。等到他们都是35岁的时候，这位33岁才成为律师的同学已经和做了12年律师的另一位同学做得一样好，一样有名。可是到了43岁，也就是他们毕业20年时，后者由于多年深造积累的知识不断地派上用场，前程越来越好；而前者却由于自己的知识所限，跟不上时代发展的步伐而日渐沉寂下来。

无论是追求事业的成功还是求学，其实道理都是一样的。欲速则不达，心态过于急躁了，就很难把基础打好，也很难把事业做好。诚然，在这个世界上，也有一日暴富、一夜成名的事例，但毕竟是少数，根本就说明不了什么问题。对于绝大多数成功者来说，他们成功的道路是非常平淡的，他们不相信神话，只相信自己扎扎实实的努力，正因为如此，最终才换来了让人赞叹和羡慕的成就。

哲学家们告诉我们，世界上每一样事情都有着它本身的规律。对于成功来说，它的规律就是按部就班、稳扎稳打。如果我们偏离了这一规律，急功近利，就会给自己的事业带来很大的危害。因此，我们在追求成功的过程中，就应该把目光放长远一些，不要因为一时的利益而放弃将来的目标，也不能因为暂时的挫折而放弃人生的理想。

当今，随着经济的日益发展和社会节奏的日益加快，越来越多的人陷入了浮躁的心态之中。他们无法按捺住那颗浮躁的心，不愿意踏踏实实地做好该做的事，而是片面地追求方便、快捷，满脑子想的都是如何在最短的时间内取得最大的成效。因此，他们就变得非常冲动，没有耐心。如果带着这样的心态去做事，必定不会取得好结果。

浮躁是一种冲动、盲目的病态社会心理，这种心态对于人的生活和事业都有严重的负面作用，是我们应该抵制的。当然，有很多心浮气躁的人认为，时间不等人，按部就班地去奋斗、去拼搏需要太长的时间，他们没有耐心。但是，无论你对成功的渴望有多么强烈，都不能违背规律而行事。须知，成功不是心急就能获得的。

在现代社会中，有很多人羡慕一些成功人士的成就和机遇，不少人认为，只要自己拥有和那些成功人士一样的机遇，就一定能够取得同样辉煌的成就。因此，他们在做事的时候就心浮气躁，一厢情愿地去寻找速成的机遇。其实，他们只看到了别人的辉煌，却没有看到别人走向辉煌的过程。那些成功人士并不是机遇的宠儿，也不是一夜暴富的幸运者，而是通过踏踏实实的努力和一点一滴的积累之后才逐渐走向成功的。他们不妄想，也不急躁，更不异想天开，是真正的脚踏实地的拼搏者。

在为理想奋斗的过程中，我们可以选择披星戴月、栉风沐雨、夙兴夜寐的艰苦拼搏，但是不能为了早日实现心中的目标而忽视了客观规律，更不能急功近利。如果一个人急躁成性的话，他此生必将无多大作为。故而，我们应该坚信："宁详毋略，宁近毋远，宁下毋高，宁拙毋巧。"

才华的显露要适可而止

对于刚刚步入社会的年轻人来说，是否要显示自己的才华成了一个不大不小的问题。有的朋友会用实际经验告诉你："一定要锋芒毕露，这样才能在同辈中脱颖而出，是千里马就应该跑在最前头！"而长辈却会语重心长地告诫你："年轻人切忌锋芒太盛，'直木先伐'，所以应当藏而不露！"那么，我们究竟该何去何从呢？其实，这倒不是什么难题，只需要将两种观点中和一下就行了，换句话说，就是可以显露自己的才华，但是要懂得适可而止。这样做是现实的需要。

刚刚步入社会，别人对你的印象是空白的。哪怕你有着经天纬地之才，定国安邦之能，如果不显露出来的话，都极容易受到别人的忽视。因此，从这个角度来讲，要想让自己的才能有效地发挥，就应该适时而又主动地显露自己的才华。如果你一直刻意地保持低调，你就可能成为"只辱于奴隶人之手，骈死于槽枥之间"的千里马。

不过，在你显露自己才华的时候，还要观察一下周围的环境，把握一下显露的分寸。如果你的身边尽是一些妒贤嫉能之人，而你显露才华又超出了一定的限度，那么，你的才华非但不会得到他们的认可，还有可能成为导致祸端的罪魁祸首。再者，并不是所有的领导都求贤若渴，有不少领导者不愿意把风采和才华俱胜于己的人留在身边，因为他们要提防被人取而代之，如果你过于卖弄自己，就可能成为他们打压的对象。

古人云"直木先伐，甘井先竭"，意思是说，挺拔的树木容易被伐木者看中，甘甜的井水最容易被喝光。才华横溢、锋芒毕露的人也最容易受到伤害。故而，无论你有多大的才华，都应该把握好露与不露的分寸，做到既能表现自己的才能，又能有效地保护自我。万万不能存在骄傲自大的心理，在做事上更不能过于张狂，口出咄逼人。如果你恃才傲物、趾高气扬、目空一切、不可一世，难免就会成为别人的眼中钉、肉中刺。所以，无论你有怎样出众的才华，也一定要谨记：不要自命不凡，更不能把自己看得太重，而应该在显露才华的时候做到收放自如。

在现实生活中，总有一些满腹才华却自视清高的人，他们有着很高的热情，也有着优秀的工作能力，但是他们在办事风格上却非常高调，喜欢锋芒毕露，因此，他们遭到了别人的打压。

有一名刚到某单位工作的大学生，在刚入职的时候就表现出了非常优秀的工作能力，很快就受到了同事们的好评和领导们的重视。按说，他应该收敛一下，低调地做好手中的工作才是，可是在几个月之后，他却做了一件非常愚蠢的事。他自以为非常聪明，就给单位领导递上了一份洋洋万言的意见书，上至单位领导的工作作风与方法，下至单位职工的福利，他一一综列了现存的问题与弊端，提出了周详的改进意见。他被单位的某些掌握实权的领导视为狂妄、骄傲乃至神经病，最终不仅没有采纳他的意见，反而借单位调整发展方向为由辞退了他。两年之内，他因同样的情况，换了好几个单位，而且总是后一个比前一个更不如意，他牢骚满腹，意见更多。

此人是没有把握好露与不露的典型，他自以为工作能力强，就做起了越俎代庖的事，难免会遭到上司的反感。这种做事不讲究策略与方式的人，非但妨碍了自己才能的发挥，还遭到了嫉妒和排斥。这样的人过于天真，凡事喜欢想当然，总觉得锋芒毕露能够迅速走向成功，但是现实却告诉他，这样做无异于给自己的前途自掘坟墓。

在显示自己的才华上，应该坚持中庸的原则。我们先来看看孔子是怎样做的："揖让而升，下而饮"，在射箭比赛的时候，他首先向对手拱手作揖表示尊敬，然后再上场登台，尽情地展示自己的射技。射箭完毕，就再次作揖，退下来之后和对手们和睦地喝酒。这样一来，既显示了自己的才华，同时也给人留下了谦逊的形象。现在的年轻人，就应该学习孔子的这种精神，绝不能因为自己技高一筹就看不起别人，无所顾忌地显露自己的才华。

适当地显露自己的才华是好事，这是事业成功的基础。不过，如果忽视了必要的分寸和尺度，就可能出现物极必反的结果。尤其是做大事的人，锋芒毕露既不能达到事业成功的目的，还可能因此失去"身家性命"。

人们形容那些过分显示自己能力的行为为"锋芒毕露"，须知，锋芒是有刺的，不仅会伤害别人，还会伤害自己。故而，作为一个人，尤其是有才华的人，就应该学会适时地收敛锋芒，不要过于张扬，只有这样，你的才华才能给你带来正面的影响。

不失偏颇，客观地看待问题

《中庸》里有句话，叫作"君子中庸，小人反中庸。君子之中庸也，君子而时中；小人之反中庸也，小人而无忌惮也。"意思就是说，君子是中庸的，而且时刻都能保持中庸，能够根据外界情形的变化做出相应的调整，时刻居于中的位置上，更能够时刻保持理智的心态，客观理性地看待问题；小人是反中庸的，做起事情来无所忌惮，在对事情的认识上容易出现偏执，处理起事情来就容易有失偏颇。

在生活中，有不少人考虑问题非常简单，看待事物非常肤浅，处理事情容易出现偏颇，这样做是不符合中庸原则的，也不利于认识事物。如果不能客观看待问题，即使他有着善良的动机，也很有可能会导致一些不良的后果。

唐玄宗天宝年间，有一个道士叫翟干佑，他的本事很大，不仅能够预知过去、现在和将来，还有召鬼神的本领。

有一次，他来到了一个江边，发现这条江中有15处险滩。这些险滩给那些过往的船只带来很多不便，一不小心就可能有船翻人亡的危险。于是，他就把那些滩神召集来，要求他们把这些险滩弄平，给过往的船只制造方便。结果，来了14处滩神，第15处滩神却没有来。

翟干佑非常生气，就再次召来了那位滩神。然后质问他："你为什么来得这么晚？"这位滩神就解释道："道长你让我们把险滩弄平，无非想方便过往的船只，照顾船上的客人。但是，您想想，如果把这些险滩都给搞平了，只不过是使过往的商船得益罢了。这些商船的主人都是很有钱的，有险滩的时候他们会请江边上的纤夫来拉船。这个费用对这些有钱人来说，是小菜一碟。但是对于那些拉纤的纤夫来说，却是活命钱。这些靠拉船为生的小民，没有耕地，无法种植桑树，除了拉船之外，就再也找不到其他谋生的手段了，如果把那些险滩都搞平了，他们的衣食就没有了着落。因此，我就没有按照你的指示去做。"

翟干佑一听，觉得很有道理。他向滩神们真诚地表示了歉意。他只想到了险滩给商船带来的坏处，却没有想到有许多小民还要依靠这几个险滩来维持生活。如果把险滩全部弄平的话，简直就是造了大孽。想明白之后，他就决定将这些滩神们都送回去，不再去把险滩弄平，给那些小民们留下一条谋生的道路。

在这个故事中，翟干佑为人排忧解难的心是好的，但是这种古道热肠却差一点儿好心办了坏事。他只看到了来往船只的不便，却没有考虑到岸边纤夫们的生活处境。好在经过第15处滩神的一番解释之后，他收回了弄平险滩的打算，否则，江边就又多了几百个衣食无着的人。

一个人，无论在任何时候，任何地方，不管是对人还是对事，一定要客观公正。在看问题的时候，要本着实事求是的中庸原则，全面地去认识问题、分析问题和处理问题，绝不能只凭着一己之好恶或者是眼睛所看到的地方，就妄下结论或是胡乱决策。如果不能客观理性地看待问题的话，就会犯下"一叶障目，不见泰山"的错误。无论一个人的动机多么善良，都要客观理智一些，如果背离了这一原则，那么就会遭遇一些意想不到的灾难。

在这个世界上，有很多问题和事情并不是我们看到的那样，也不是我们想象得那样简单。有时候，你的眼睛可能会欺骗你，你的惯性思维也可能会欺骗你。如果你不能理智地看待问题，处理问题的时候就会犯下一些不可饶恕的错误。因此，我们在想问题、办事情的时候，就要做到，想事一定要长远，看事一定要周全，遇事不慌乱，做事不拖延，做过的事能总结的一定要总结，未做的事能想到的一定要想到，说过的事能做到的一定要做到。否则，人生处处有遗憾，做事时时有缺陷。

那么，怎样做才能达到客观理性地看待问题呢？我们要做到以下几点：

1. 端正态度

事物的本身并不影响人，人们只受对事物看法的影响。如果态度不端正，看问题、想事情就会显得过于随意，容易偏离对事物的正确认识。在对事物的认识出现了偏差之后，做起事情来也就很容易离题万里，南辕北辙，从而导致不好的结果。

2. 抛弃感情因素

我们在看待一些问题的时候不能带有太重的感情色彩，而是应该用置身事外的方式来观察、分析和思考。诚然，每个人都有自己的喜怒哀乐，有自己喜欢和厌恶的东西，我们可以保持这些东西，但是，万万不能将这些情绪化的东西带到对事物的认识上来。毕竟，现实是客观的，不会随着你的主观意愿而改变。如果你非要感情用事，就会使事情的结果变糟。

3. 保持独立性

很多人在看待一些具体事物的时候，往往比较容易受到一些外界因素的干扰，喜欢人云亦云，喜欢随大流。须知，别人的认识并不代表事物的本身，如果你跟随在别人的后面去想问题或看事情，就很可能跟着出错。所以，在看待问题的时候，一定要保持自己的独立性，绝对不能轻易地跟着别人的看法走。

来去自然，切莫患得患失

我们处在一个色彩斑斓的世界中。在这个高速度、快节奏的现代社会里，很多人都迷失了自己，精神上高度紧张。他们起早贪黑，栉风沐雨，只是为了得到一些想要的东西。实事求是地说，有追求是好事，是有上进心的表现。但是，这些人在追求的时候却害怕失去，如果一旦失去了一些东西，就会表现得非常苦恼和愤怒。他们只想得到，不想失去，因此，染上了患得患失的毛病。

患得患失的人往往是把得失看得比较重的人，他们既想得，又害怕失去。这种心态既阻碍了他们的成功，又干扰了他们的生活。可见，我们应该远离这一心态。我们没有必要把大量的时间都浪费在得与失的思考上，因为那样会让我们活得很累。其实，人生就像一场征战，胜败乃兵家常事，谁也不能保证自己就是常胜将军；拼搏就像一场比赛，想赢就不能害怕失败，作出了决定之后就没有必要再患得患失。该来的总会到来，推都推不掉，该失去的，终究要失去，留也留不住。还不如看淡一些，做到心态平和。

儒家哲学是积极入世的哲学，但是在得与失上却并不看重。他们强调的是"不以物喜，不以己悲"，无论是得志还是失志，都应该泰然处之。孟子说过："穷不失义，达不离道。穷不失义，故士得已焉；达不离道，故民不失望焉。古之人，得志，泽加于民；不得志，修身观于世。穷则独善其身，达则兼善天下。"尊崇道德，喜爱仁义，就可以安详自得了。所以，士人穷困时不失去仁义；显达时不背离道德。穷困时不失去仁义，所以安详自得；显达时不背离道德，所以老百姓不失望，在失志的时候也不忘记义理，在得志的时候更不违背正道。如果我们能够将孟子的这句话深深地记在脑子里，就不会有患得患失的心理了，无论自己是穷困潦倒，还是飞黄腾达，都能够坚持道义，做到心态平和，不在乎一时的得与失。

　　孟子还说过，无论在任何时候都应该有一种浩然之气。何谓浩然之气呢？它是一种自信与大度，不为外界因素所干扰的平和心态。有了它之后，就能够以积极的态度来面对生活，面对得失。

　　马寅初是当代中国著名的经济学家、人口学家和教育学家。在新中国建立初期，他向中央提出意见，要求控制人口增长速度。他认为，在中国960万平方公里的土地上，人口达到6亿刚刚好，不能再无限制地增长下去，如果人口过多的话，人均资源就会越来越少，到时候无论是水资源还是森林资源、矿产资源以及土地资源都将会受到负面的影响。在20世纪50年代的中国，人们信奉"人多力量大"，根本不相信马寅初的理论。最后，马寅初的人口论被当成了反革命理论，他本人也被打成右派，被撤去了北大校长、人大常委委员、政协副主席等职务。面对这些打击，换作一般人早就气愤难耐、痛苦不堪了，说不定还会做出一些过激的事情来。但是马寅初并没有任何的情绪，好像什么事也没有发生一样，回到家里之后还写了一副对联以自勉："宠辱不惊，闲看庭前花开花落，去留无意，漫观天外云展云舒。"后来，又爆发了"文化大革命"运动，马寅初受到了摧残，但是他依然能够保持一种平常的心态。正是因为他的这份宽广的心胸，在他99岁那年，终于等来了平反昭雪，最终他在102岁时离世。

　　古语说"仁者寿"，一个仁者能够长寿的原因就是因为他有一种宽广的心胸，能够正确对待生活中的坎坷和磨难。马寅初被免去了各项职务之后，没有气愤，也没有苦恼，而是将这些不快当成蜘蛛网一样轻轻地拂去。他没有患得患失，对于失去的东西，做到了坦然面对，做到了"不以物喜，不以己悲"。他这种宽广的心胸，不正是很多人应该学习的吗？

　　我们经常说，要守住平常心。守住平常心就是要学会面对现实，承认有些东西得不到，学会放下，学会以乐观的心态来面对得失。当你守住平常心的时候，你就能够更好地呵护自己的心灵，守护心中的那片净土，就不会被一些得失所困扰。

其实，无论是顺境还是逆境，也无论是得到还是失去，都是人生中宝贵的财富。我们没有必要为了得到而兴高采烈，忘乎所以，更没有必要为了失去而黯然神伤，痛哭流涕。只要我们的生命还在，我们坚守的东西还在，其他的东西都显得没有那么重要了。

在生活中，我们不妨把得失看得淡一些。其实，有时候的"失"正在孕育着更大的"得"，而我们现在的"得"也可能转化为下一个更大的"失"。这是非常自然的规律，我们应该看开才是。我们没有必要为了一次的失去，就对生活失去信心，对信仰失去信心，更没有必要为了失去就仇恨一切。

面对得失，我们应该做的是：得之不喜、失之不忧、宠辱不惊、去留无意。这样才可能心境平和、淡泊自然。凡事看得淡一点，就能让自己的生活轻松愉快一些。如果斤斤计较得与失，就会给你的生活增加太多的负荷和累赘，也会让疲惫不堪的你逐渐失去生活的乐趣。

处世懂得中庸之道

中庸是儒家的重要思想之一，也是儒家提倡的一种道德观念。宋代的朱熹特意将《中庸》篇从《大学》中抽出来，编成一部独立的典籍，充分证明了儒家对这一思想的看重。另外，在《论语》中也记载了孔子对于中庸的看法。他说："中庸之为德也，其至矣乎，民鲜久矣。"中庸作为一种道德，应该是最高尚的了，然而，人们却忽略这种道德很久了。从这句话中，我们可以看到中庸的重要性，也能够了解到实践这种道德的难度。

为什么儒家一直津津乐道于中庸的道德呢？这是因为，中庸强调的是做事应该守其"中"，宋代理学家们说"不偏不倚谓之中，平常谓之庸"。因此，中庸又被理解为中道，就是说无论是在情绪上还是做事上，都不能走极端。这样一说，似乎是孔子在搞折中，其实不然。所谓的折中是指无原则的迁就态度，既承认这一个，又承认那一个，没有原则，没有是非。而中庸却不是这样。中庸是避免走向极端，它追求的是介于两个极端之间的一种完美中和的境界。

一个人要想做到中庸，必须加强自身的品德修养，提高自我的调控能力，使自己的言行、情感、欲望等适度、恰当，避免过犹不及。一旦做到了中庸，你的人生就会少一些波折，多一份平安。

在中国历史上，有很多人物立下了盖世功勋却不懂得收敛，忽略了中庸之道而没有逃脱"狡兔死，走狗烹"的厄运。他们的遭遇主要是当时政治体制的原因，不过，在这种体制下却有一个人是例外的，这个人就是晚清重臣曾国藩。

清朝末年，爆发了太平天国农民起义。清廷派大臣曾国藩组建湘军镇压。曾国藩经过十余年的准备，先后攻克了太平军控制的几个大城市，有力地阻止了太平天国势力朝着长江以北发展。1864年，湘军攻陷金陵，消灭了太平天国，让大清重新出现了统一。之后，清廷论功行赏，封其为一等侯爵。

平叛结束之后，曾国藩发现其麾下的湘军已经有了30万之众。这支军队在朝廷中是最有战斗力的，他们只听从曾国藩的命令，从而成为名副其实的曾家军。太平天国在时，湘军对朝廷主要起保护作用，太平天国灭亡了，这支军队就对朝廷存在着很大的威胁。故而，朝廷对湘军很是忌惮，多次想裁撤之。熟读史书的曾国藩当然知道功高震主的利害关系，为了避免发生不测，他强忍着内心的不舍，不顾属下的阻挠将湘军解散了。

湘军解散之后，清廷认识到了曾国藩的忠心，非但没有难为他，还对他予以重用，让他做了直隶总督。在直隶总督职位上，曾国藩大力推行洋务运动，为中国的近代化建设作出了杰出的贡献。

和历史上那些惨遭杀害的功臣们相比，曾国藩无疑是幸运的，而这份幸运则来自他善于把握做事的尺度和分寸，在于他熟练地运用了中庸之道。

中庸之道之所以能够在中国存在几千年，就在于这种处世哲学是稳健、成熟、周到的处世哲学。它能够让人居安思危，更能够让人做好全方位、多层次的准备，从而避免了一些不测的发生。俗话说"人无千日好，花无百日红"，一个人的一生不可能永远都是一帆风顺，春风得意，这是自然的规律。因此，凡事都要讲究适度，做到适可而止就是最明智的。故而，掌握了中庸之道，遵循中庸之道来为人处世，就等于真正掌握了自己的命运。

为人处世上的中庸，更注重于低调。因此，低调、内敛就成为明智之人的生活模式。经过几千年的发展，这种中庸的生活模式已经融入了中国人的血液中。

美国著名的作家房龙曾经这样高度评价中庸思想。他说："孔子向几亿中国人传授了一种日常生活的哲理，那种哲理一直在过去2500年中影响着他们的子孙后代，并且至今如从前一样至关重要，一样可行。"孔子向我们传授中庸之道，并不是在兜售一种圆滑世俗的处世哲学，而是凭着一颗善良的心，真诚地向我们传授着生活的哲理。他所说的中庸，是一种可行的哲学思想。后来，有些人对这种思想发动了攻击，并不是说该思想已经明显不符合现代社会的发展，而是那些反对孔子的人在对中庸思想的认识上出现了偏差。这和孔子无关，更和中庸思想无关。如果那些反对儒家思想的急先锋们能够静下心来多读读儒家的书，多思考一下儒学的精髓，恐怕就不会再持反对意见了。

我国著名的作家林语堂先生在其著作《谁最会享受人生》中，深刻地剖析了中国人的生活习惯和思维模式，谨慎地提出这样一个观点，要想让生活摆脱烦恼和灾难，就应该实行一种中庸式的、无忧无虑的生活哲学。林语堂先生是国学大师，他提出这样的观点绝不是空穴来风，而是站在中国传统文化的基础之上提出的。故而，林先生对于中庸思想的重视和提倡，值得我们每一个人深思。

改革开放以后，随着经济的飞速发展和西方文化的传播，许多中国人已经失去了传统的温文尔雅，而是变得越来越急躁。在对一些事情的认识上，他们往往不能把握其中的分寸，喜欢走极端，这样一来，非但容易将事情搞砸，还会给自己的人生带来极大的灾难。为了避免这些后果，我们就应该用中庸思想来指导自己的生活和工作。当你完全做到之后，就会发现，你的人生已经达到了一个新的境界。

中庸之道，最高之境为"和"

中庸之道之所以被人们所看重，就在于它反映了一种合情合理的精神。古人在阐述中庸思想的时候这样解释道"中者天下之正道，庸者天下之定理。"在今日的语境下，"中庸"就是度的正确把握和关系的良好协调，就是在平衡中寻求发展。历史的经验反复向我们证明，实现中庸之道，避免过激和片面性，有助于人际关系的改善和事情的正确处理，若搞"反中庸"那一套，就会给社会和个人带来非常不利的后果。

那么，应该怎样来实现中庸之道呢，答案很简单，只需要做到"和"就可以了。这是因为，"和"是中庸之道的必然要求，也是中庸之道的最高境界。

"和"的理念一直是儒家比较推崇的为人处世方式。这个"和"字，多次在儒家经典中出现。《尚书》中出现了42次，《论语》中出现了8次。被人们所熟知的"和为贵"则出自《论语》："礼之用，和为贵。先王之道，斯为美，小大由之。有所不行，知和而和，不以礼节之，亦不可行也。"自从儒家思想被重视之后，关于"和"字的记载和应用就更多了，比如和为贵、和气生财、和气致祥、和舟共济、家和万事兴等，就连紫禁城的太和殿、中和殿、保和殿也都以"和"字命名，另外，在清朝时期的军机处墙壁上，也留下了"一团和气"的字样。由此可知，"和"已成为儒家思想的精髓，国人追求的最高道德境界。儒家有"太和"一说，其中包含了自然的和谐，人与自然的和谐，人与人的和谐以及自我身心的和谐。儒家正是通过道德修养达到自身的和谐，再推广到"人与人的和谐"。

"和为贵"是中国文化的优秀传统和重要特征。其实，不仅仅是儒家，另外一些构成中华传统文化重要组成部分的流派也无一例外地在强调这一点。比如，道家、墨家，都主张人与人之间、群族与群族之间要以"和"为贵。道家提倡不争、顺其自然，以"慈""俭""不敢为天下先"为三宝；墨家宣扬"兼相爱交相利"，尤为反对战争；而佛教则主张与世无争，反对杀生。尽管教义不同，出发点不同，阐述的层次也不同，但是，这些主张都体现了一个"和"字。

"和"是什么，它是宽容精神的体现，是理性文明的象征。人和人之间的关系不可能失去"和"这一个重要的基础。

"和"是人际关系的减震器、润滑剂，是生活的芳香剂。"和"可以在人们产生分歧、出现误会、发生矛盾的时候，作为最基本的原则，也可以作为调停人的角色而出现，以此来化一切既恼人、难堪又剑拔弩张的干戈为玉帛。故而，当我们和别人争吵得面红耳赤几乎要挥拳相向的时候，首先要让自己心平气和下来，然后再用一种平和的心态去和对方进行磋商谈判，争取得到皆大欢喜的结果。须知，和别人出现一些不同和分歧是很正常的，只要我们以和为贵，容纳不同，就能有效地解决一些重大的矛盾，实现双方的共赢。

战国时期，廉颇是赵国的将军。他为赵国江山社稷的稳定作出了杰出的贡献，在南征北战之中立下了汗马功劳。后来，当他发现没有尺寸之功、只依靠嘴上功夫的蔺相如做了上卿之后，心中就非常不满。他觉得自己出生入死浴血奋战才只是一个将军，而蔺相如仅仅出使了几趟秦国就爬到了自己的位置上很不公平。为了泄愤，他就到处宣扬要给蔺相如难堪，让他受点屈辱。蔺相如得知之后，就千方百计地躲着廉颇，唯恐两人见面之后争吵起来伤了和气。廉颇见蔺相如不敢见自己就很得意，以为蔺相如真的怕他。蔺相如的手下感到愤怒，他们不明白蔺相如为什么这么害怕廉颇。蔺相如就对他们解释说："我并不是害怕廉将军羞辱我，更不怕廉将军让我在众人面前丢面子。我个人的荣辱算得了什么呢？秦国人正盼着我们将相出矛盾、国内出乱子呢。若我与廉将军天天互相仇视，互不服气或者互相拆台，就会伤了国家的元气，也给秦国制造侵犯我们的机会。为了赵国的长治久安，我就只好回避一下廉颇将军了。"

廉颇听说后，感到非常惭愧，就来到蔺相如府上，负荆请罪，从此将相两人齐心协力，共同保障了赵国的繁荣与安全。

这则"将相和"的故事之所以能成为千古美谈，就是因为"和"的可贵，使"二人同心，其利断金"在这里得到了最充分的佐证。

古人说："五声和，则可听；五色和，则成文；五味和，则可食。"和是做人立身之本，以和立身，就能够化凶险为祥瑞，化野蛮为文明，化争斗为和平。一旦我们做到时时和、事事和，那么我们就达到了中庸的最高境界，同时也掌握了成熟的立身之法。

下 篇

有气度懂处世：
有勇有谋能成大事

第7章

谨慎行事：在摸清对方之前绝不鲁莽行动

自我剖析，查找自己的优势和劣势

我们应该对自己有正确的评价，客观地分析自己，冷静地认识自己。如果我们连最基本的自知之明都没有，一心想做和自己能力不相符的事情，不但会给自己的生活带来严重的负面影响，也会导致社会秩序的混乱。因此，无论是从社会还是个人的角度来说，我们都要正确地认识和评价自己。

怎样才能认识自己呢？认识自己很简单，就是要了解自己的能力，知道自己能做什么，不能做什么。能做的事情尽力去做好，不能做的事情就没有必要在那里浪费时间，对于一些模棱两可的事可以进行尝试，一旦发现不能之后就要理智地退出。然而，就这么一个非常简单的道理，许多人竟然不明白，依然要去做一些和自己能力不相称的事情。他们在做这些事情的时候，总是用锲而不舍的坚持来要求自己，麻痹自己。殊不知，这样做只会浪费自己的激情、精力和时间。他们得到的，绝不是有志者事竟成的欢喜，反而却是竹篮打水一场空的悲哀。

怀特毕业于加拿大一所著名的建筑工程学院。在毕业之后，他十分顺利地找到了一份专业对口的工作。但是，在几年之后，他越来越感觉到自己力不从心，对那份工作感到恐惧和厌倦，工作起来毫无激情可言。后来他回忆说，做工程师需要一种严肃自律的精神，但是他却缺乏这种精神。他的性格外向，富有亲和力，又非常喜欢四处走动，和陌生人打交道。极有规律的工程师工作让他感到十分乏味，既无法满足心灵上的要求，又无法调动起工作的积极性。因此，他对此感到十分苦闷。后来，在一次经济大萧条之中，怀特被公司解雇，成了一名失业人员。这一次，他准备不再去寻找工程师的工作，而是找一个适合自己的岗位。于是，他向一家销售公司递交了简历，后来被正式录取，负责技术产品的销售工作。结果，由于销售工作比较利于他的特长的发挥，在不到一年的时间里，他就成了一名成绩斐然的销售经理。

在现实生活中，有不少人不是不想获得成功，也不是缺乏艰苦奋斗的精神。而是他们不知道什么是自己的成功，只知道跟在别人的后面找出路，在做事之前，不知道自己能做什么，只会轻率地选择一条路盲目地走下去，最终导致非但没有做成大事，反而还感到异常的疲惫和痛苦。这是可悲的，为了避免这种可悲的下场落在我们的身上，我们在做事之前，就应该认真仔细地分析一下自己的能力，了解哪些事情是自己想做而又能做的，哪些事情是不适合自己做的。

有一位成功人士这样说道："我认为，世界上最大的悲剧就是有那么多人不知道自己几斤几两。他们并不缺少艰苦奋斗的精神和坚持不懈的韧性，但是却因为不了解自己而变成了无头的苍蝇。"这位成功人士所言，话糙理不糙，值得每一个人警醒。所以，每一个有志于成功的人，在奋斗之前一定要抽出时间来想一想，结合自身的实际，确定一个正确的目标，选择一个正确的方向，然后再去努力和奋斗。只有做到了这一点，我们才能够到达胜利的彼岸，实现人生的价值。

日本著名的企业家松下幸之助常常自问，自己的情况究竟如何，自己有多大的能量。这一点是值得我们学习的。实事求是地说，完全认清楚自己有一些困难，毕竟有一些我们从来没有涉足的产业，在没有尝试的情况下，我们不敢贸然地对自己的能力下结论。但是，我们将认识自己的过程压缩得越短越好，认识自己的日期提前得越早越好。

我们经常会遇到一些好心人的善意提醒："这个行业能赚钱，你可以做。""这个工作比较适合你，你还是去做这个工作吧。"这些好心人是出于对你的关心才这样说的，但是具体适合不适合，还要靠你自己的理智分析。毕竟，别人了解的你可能是片面的，某些工作和行业是否适合还需要看你自己的感受。

我们常说命运掌握在自己的手中，而掌握自己命运的方式则是了解自己能做什么，不能做什么，给自己一个客观理智的评价。

知己知彼，行动前先摸清对方底细

被称为兵书圣经的《孙子兵法》里有这样一段话："知己知彼，百战不殆；不知彼而知己，一胜一负；不知彼，不知己，每战必殆。"意思就是说，只有在充分了解对手的情况下，采取"以己之长，克敌之短"的战略才能够获胜。如果你对对手一无所知，你的长处就无法发挥，你的应对措施也就会显得比较盲目，战争必定会以你的失败而告终。作战也好，竞争也罢，如果不了解对方的底细，你就无法了解对方的实力，更不知道对方的出牌套路，也就无法制订一个正确的作战方案，战争一旦打响，你的阵营必将陷入混乱之中。一旦到了那个时候，能否自保还在两可之间，更别说取得战争的胜利了。

在中国历史上，有很多因为摸不清对方底细而走向失败的战例，其中最著名的就是项羽的垓下之围。

公元前202年，刘邦大将韩信、彭越、刘贾等人率军向楚军发起进攻。经过几番激战之后，将项羽围困在垓下地区。这个时候，项羽手下的士兵已经很少了，粮食也剩得不多。不过，他们自身还有一定的战斗力，汉军一时间也奈何不了他们。

有一天夜里，项羽听到汉军中响起了楚地的歌声。生性多疑的他感到非常吃惊，就问身边人："刘邦已经得到楚地了吗？为什么他的部队里楚国人这么多呢？"身边的人也不清楚，就没有回答。这下项羽就更加确认大势已去。想想这几年来的经历，项羽满心愁苦，于是丧失了斗志，便从床上爬了起来，坐在大帐中喝起了闷酒。他一边喝酒一边唱歌，喝完之后俯桌大哭。手下人听了也非常难过，顿时楚营中成了眼泪的海洋。一干人哭罢，项羽就骑上他的战马，带领手下的八百名骑兵，从南突围逃走，逃至乌江江畔，发现无路可逃便选择了自杀。

其实，四面楚歌只是汉军谋士张良使用的一个计策罢了，意在瓦解楚军军心。然而，鲁莽的项羽不去分析敌情，直往人家的套子里钻，最后不但丢了地盘，脑袋也被人拿去邀功请赏了，更可怜的是，他最心爱的妃子也死于非命。这一系列恶果就是因为这个"盖世英雄"凡事喜欢想当然，没有摸清对方的底细。

无论是防御战还是攻坚战，要想克敌制胜，就应该事先了解一下对方的底细，绝不能因为一些风吹草动就乱了阵脚，更不能在没有摸清对方底细的前提下就盲目地采取一些措施。这个道理不仅仅适用于战场上，同样也适用于职场的竞争中。

小李已经工作5年了，现在是总经理助理。在这5年里，无论做什么她都非常认真，工作上从未松懈过。

刚来这家公司的时候，她对什么都感到新鲜和好奇，就算是客户的一个电话她都把它当成学习的内容，其他的处理技巧就更不要说了。这一切的努力没有白费，终于让她得到了领导的赏识，在工作半年后，就被提升为主管，这一点极大地调动了她对工作的热情。

之后的日子里，小李还是一如既往地努力工作，职位也一直在晋升，直到3年前升到了总经理助理的位置。但自此以后，就没有再升了，因为再往上升就是总经理的位置了，小李不是不想，只是觉得难度太大，但是她对工作一直未放松过。

有一天，机会终于来了，总经理到了退休的年龄，过一段时间就要离职了。小李放眼公司上下，其他部门的经理虽也较为出色，但和自己还有一段差距，因此，她就认为总经理的位置非她莫属了，于是，她就一边悠闲地忙着自己手头上的工作，一边等待着好消息的到来。

两个月后，消息出来了。出乎意料的是，这个人选是业务部的赵经理，而不是小李。小李感到不可思议，就找别人打听。原来，在总经理离职的时候，赵经理接下了一个大单子，而且事关公司新市场的开拓，结果赢得了上层的青睐而"荣登大宝"。小李后悔至极。如果早知道赵经理的计划，她就不会败得这么惨了，可这个时候谁还和她说这些呢？

这样的事情在职场中屡见不鲜，有很多实力雄厚、志在必得的人，往往在铩羽而归之际只收获了满心的失望和痛苦。就像上面案例中的小李一样。从资历上来说，小李无疑是接替总经理的最佳人选，但是，最佳人选未必就是唯一人选，在尚未尘埃落定之前，谁都有可能成为总经理人选，即使实力比较弱的人，只要做好精心的准备，照样可以成为一匹"黑马"。可是小李却并不明白这个道理，在别人磨刀霍霍的时候，她却松懈了下来，没有摸清别人的情况，一厢情愿地等着自己胜利的那一天。这样一来，她被"踢"出局也就不足为奇了。

无论是职场竞争还是商业竞争，要想在竞争中胜出，千万不能忽视你的对手。哪怕你的胜算比较大，也不能掉以轻心。否则的话，你就可能吃大亏。毛泽东在《论持久战》中说过这样一句话："战争不是神物，仍是世间的一种必然运动，因此，《孙子》的规律'知彼知己，百战不殆'，仍是科学的真理。"在这个竞争激烈的社会中，我们要想出人头地，就应该摸清对方的底细，了解对方的短处和长处，然后再以己之长，克彼之短。只有这样，才能使自己立于不败之地。

高屋建瓴，做事要有大局观

在现实生活中，竞争对手可能会采取种种卑鄙的手段向我们挑衅，旨在激起我们的怒火，打乱我们的计划，让我们做出一些不理智的事情，进而达到他们不可告人的目的。为了避免上当受骗，我们就应该像狼一样，沉着冷静地对待。这是因为，当别人采取种种方式来激怒我们的时候，他们可能已经陷入了急躁的状态之中，他们想速战速决。如果我们偏偏不上当，对方就会沉不住气，方寸大乱，最终就会缴械投降。反之，如果我们沉不住气，那么，失败的就可能是我们自己。

冯玉祥当旅长时，有一次驻防四川顷庆，与一支"友军"产生矛盾。这支"友军"将骄兵惰，为了挑起与冯玉祥所部的冲突，以达到将冯部赶出驻地的目的，想出了一个花招：长官穿黑花缎马褂、蓝花缎袍子，在街上摇摇摆摆，俨然是当地富家公子的模样。

有一天，冯玉祥的卫士来报："我们的士兵在街上买东西，他们看我们穿得不好，骂我们是孙子兵。"冯玉祥看看自己穿的灰布袄，便说："由他们骂去，有什么可气的。这正是他们堕落腐化，恬不知耻的表现。"为了避免出乱子，冯玉祥立即集合全体官兵，进行训话："刚才有人来报，说第四混成旅的兵骂我们是'孙子兵'，听说大家都很生气，可是我倒觉得他们骂得很对。按历史的关系说，他的旅长做过20镇的协统，我是20镇里出来的，你们又是我的学生，算起来你们不正是矮两辈吗，他们说你们是孙子兵，不是说对了吗？再拿衣服说，绸子的儿子是缎子，缎子的儿子是布，现在他们穿绸子，我们穿布，因此，他们说我们是孙子兵，不也是应当的吗？不过话虽这么说，若是有朝一日战场上相见，那时就能看出谁是爷爷，谁是真的孙子来了！"

被别人骂作孙子，谁也受不了。不过，冯玉祥并没有被愤怒冲昏了头脑，而是选择了克制和忍耐。对于"友军"的挑衅，他采取了息事宁人的态度。他这样做并不是承认自己是"孙子"，而是觉得，在这样的小事上和别人大打出手、争个你死我活是非常愚蠢的做法。如果为了口舌之争而轻易诉诸武力的话，势必会给自己带来更大的麻烦，也会影响长远的利益，基于这一点，冯玉祥就在两可之中选择了退让。

一个真正成熟的人，绝对不会因对方的挑衅而情绪失控。当对方出拳的时候，他们不反击，不动怒，这样一来，就会让对方的拳头失去应有的作用，好比打在了棉花包上，根本就找不到着力点。

第二次世界大战之后，日本几乎是一片废墟。后来，吉田茂出任日本首相。吉田茂执政的七年之中，为日本的战后重建作出了杰出的贡献。

1953年2月，日本国会对当年的财政预算进行审议。在会议上，民主社会党议员西村荣一对报告提出质疑。他发难说："首相在施政演说中对国际形势表现得非常乐观，不知道您的根据在哪里？"吉田茂回答说："到现在，战争危机已经不存在了，不但我这么认为，就连美国总统艾森豪威尔和英国首相丘吉尔也这样判断。"西村荣一反驳道："这里是日本，我没有理由听美国总统或者是英国首相的意见！"

吉田茂心里非常不舒服，就傲然回答："我是以日本首相的身份来回答你的质询的！"西村荣一咄咄逼人："我是以日本议员的身份来提问的！"吉田茂被激怒了，大声地斥责道："你不要口出狂言！"就这样，两个人针锋相对地吵起来。在争论的过程中，吉田茂情绪失控，怒气冲冲地骂了一句："无礼者，马鹿野郎（混蛋）！"西村荣一强烈要求吉田茂向他道歉。吉田茂意识到了自己的失语，就强压怒火当场表示自己言语不恰当。

但是，作为在野党成员的西村荣一并没有善罢甘休，他早就想扳倒吉田茂了，有了这次难得的机会，绝对不会轻易地放过。因此，他就抓住吉田茂的失误不放，向众议院提出了"吉田首相惩罚动议"，随后，该动议在众议院上获得通过。

这是日本历史上第一次出现"惩罚"首相的临时动议。12天之后，在野党又趁机提出了"内阁不信任案"，这项提案同样被众议院通过。面对来势汹汹的攻击，吉田茂只好随即解散了众议院，不久之后他就被迫辞去了首相的职务。这就是著名的"马鹿野郎解散"事件。这次事件让吉田茂抱憾终生。

西村荣一的质询别有用心，他有着自己的目的。他故意激怒吉田茂就是想抓住对方的把柄，然后再将其赶下台。吉田茂在和西村荣一辩论的时候情绪失控，说出了"马鹿野郎"的脏话。这正是西村荣一求之不得的。他就以此事入手，进行了倒阁运动。最终，吉田茂威信扫地，失去了首相的宝座。

可见，做事情需要从大局出发，绝不能因一时一事而失去理智。要想做到这一点，就应该在"忍"字上下工夫。宋代文学家苏东坡所说的"君子之所以取远者，则必有所持。所就大者，则必有所忍。"忍，不是逆来顺受，甘愿受别人的凌辱，而是积蓄力量的一种方式。忍是吃亏，但是这种吃亏确实是有必要的。如果一个人时时处处都要占上风，不愿意受气，不愿意吃亏的话，就必定会被别人利用，也注定难以有所作为。

与时俱进，思维不能停留在昨天

人们的生活也是如此。面对同样的环境，有着同等能力和同等学力的人却有着不同的结局。有的人一举成名，获得了事业和人生的成功，而有的人却默默无闻，扮演着社会最底层的角色，甚至会被淘汰出局。难道是命运在作怪吗？绝对不是。最关键的还是在于一个人是否愿意去适应新环境，是否愿意与时俱进。事实证明，那些与时俱进的人，都获得了成功，而那些迂腐守旧、抱残守缺的人却无一例外地被社会所淘汰。

与时俱进已经成为整个中华民族的共识。无论是一个人还是一个民族，如果不想被时代所淘汰，就应该懂得调整自己，增强自己适应环境的能力。

当然，对于与时俱进的理解，我们不能仅仅停留在宏观的角度上，还要从微观的角度上去认识、去把握。比如，我们可能会适应整个时代的发展潮流，但是适应不了已经变化的环境。如果环境需要我们做出一些改变的话，我们所做的不是拒绝就是躲避，这样的做法是幼稚的。在变迁了的世事面前，我们不仅要把与时俱进牢记在心，还要体现在实际行动上。

小雅大学学的是文秘专业，她是一个非常内向的女孩。大学毕业之后，她找到了一份专业对口的工作——总经理秘书。这个工作尽管专业对口，但是和她的性格却有些不相符。这是因为，总经理秘书既要帮着总经理处理公司的大小事务，还要陪同总经理去和一些合作企业打交道。上班几个星期之后，小雅就感到非常不适应，她既对同事之间鸡毛蒜皮的小事感到头痛，又无法在和合作企业的交往中做到应对自如。伤心难过的时候，她总是怀念单纯的大学生活，却不想着如何改变自己，适应新的环境。故而，她在工作上经常出错，情绪也非常低落。为此，总经理没少批评她。

有一次，总经理要小雅去陪一个客户吃饭，并且告诉她，席间客户可能会要求喝酒，她不要拒绝，稍微意思一下就可以了。小雅听后，坚决不同意。她说："我不会喝酒，让我喝酒不是强人所难吗？"总经理就对她说"我知道你不能喝酒，但是那是一个大客户，我们得罪不起。再说了，人家也不会难为一个小女孩，你只要给足对方面子，沾一下嘴唇就可以了。"小雅却说："不能喝就是不能喝，这么虚伪干什么呀，我做不来，你还是找别人去吧。"看着这个任性的小姑娘，总经理并没有生气，而是耐心地给她讲道理，告诉她，在职场上千万不能再套用学生的做法。小雅非但不听劝，反而坚决地说："我不会改变自己的。如果你接受不了，我只好辞职。"总经理见她一副油盐不进的样子，只好和她终止了劳动合同。

既然在职场上，就应该按着职场的规矩来办事，绝不能固执己见，更不能耍小性子。但是，这么一个简单的道理小雅却不明白。身在职场，不能事事都随自己的性子来，要懂得灵活应对。

英国著名的生物学家达尔文在其进化论中向人们揭示了这样的一个真理——"物竞天择，适者生存"。天，就是发生变化了的时代和环境。一个人要想在这个社会中更好地生存下去，就应该主动更新自己，用与时俱进的思想来指导自己。只有更新了自己，才能够提高自己的能力，只有适应了之后，才能够让自己生活得更好。如果你不适应的话，必将被社会和环境所淘汰。须知，环境法则和社会法则不是为你一个人而设，无论你的能力有多大，都不可能去改变它，你唯一能做的就是主动地去适应它。

我们要想更好地生存，就应该像水一样。水是没有形状的，也可以说是有形状的，把它放在桶里成圆形，放进箱里成方形。它的可贵之处就在于能够随势而变，不断地调整自己，改变自己，主动地去适应已经发生变化的现实。正因如此，水才成了永恒的东西。如果我们能够像水那样，做到随势而变，就一定能够在竞争中立于不败之地。

客观环境是随时可能发生变化的。我们不可能改变这些已经发生变化的现实，唯一能做的就是跟上它的节拍，改变自己来适应之。唯有如此，我们才能够让自己有限的生命在无限的变化中立足。

心眼明亮，避开各种陷阱

我们知道，钓鱼的人要想钓到大鱼，首先就要准备好一些钓饵来诱惑鱼儿上钩。人为的陷阱也同样如此，别有用心的人往往先给受骗者一些甜头让对方信任地。有一些警惕性弱的人在尝到甜头之后，往往会信以为真，就满心欢喜地走进了人家设计好的圈套中。在他们一厢情愿地做着发财梦的时候，却不知厄运已经降临了。

赖皇生是一个地地道道的农民，只有小学二年级的文化水平，他和很多农民一样过着面朝黄土背朝天的生活，直到40岁那年，借助一个偶然的机会当上了工人。他当上工人之后，觉得挣钱太少，就办了停薪留职，去外面做了一些小本生意。

在做生意的过程中，他认识了一个叫苏济强的人。苏济强初中毕业，有过两年军旅生活的经历。他们两个人认识之后，一拍即合，很快就成了莫逆之交。两个人经过一段时间的商量之后，决定以投资为名义来骗取别人的钱财。

他们利用众人皆想一夜变富翁的心理，在1991年下半年至1993年8月，打出"广州市钢材经销联营公司""河源市郊区建筑机械施工队"的招牌，以付给集资单位和个人高额利息为诱饵，先后与河源市、龙川县、淡水县等许多单位和个人签订了"集资"经销钢材的假协议书29份，骗取20多个单位、数百名干部群众近8000万元的巨款。

他们向每一个投资的单位和个人开出了极具诱惑力的条件：每个月的月息是10%~18%，这要比银行的利息高出很多，消息传出去之后，很多人都感到非常兴奋，这些人一夜发财的欲望就像掺进了酵母菌的面团，迅速膨胀起来。因此，赖皇生和苏济强的集资款迅速从十几万元涨到了几千万元。

有一些非常"精明"的人认为自己发财的机会就要来了，就以5%、8%的月息向群众集资，然后又将集资得来的钱交给赖皇生和苏济强，借以来赚取非常可观的差额。一时间，大量的钱源源不断地流入赖皇生的户头。有一些人害怕失去这个来之不易的机会，竟然连夜将钱装进麻袋里送到了赖、苏在河源的家中。这两人在得到他们的钱之后，给那些集资者的凭证仅仅是一张张写有歪歪扭扭名字的白条。

两个人得到的钱越来越多，他们也就越发显得财大气粗起来。他们越是财大气粗，别人就认定跟随他们一定能够赚钱，于是这些人就心甘情愿、迫不及待地将钱送到了他们的口袋里。短短的两年时间里，他们就骗到了8000万元巨款。

这两个人为什么能够在短时间内就能够骗取这么多钱呢？因为他们利

用了人们都想发财致富的心理，用高额利息做诱饵，来吸引一些不明真相的人主动上钩。如果那些上当的人的心里能够少一些急躁，多一些理智，恐怕就不会有如此大的损失了。

人们常说，一分辛苦，一分收获。在这个世界上，从来就没有不劳而获的事情。如果你迷恋于一些突如其来的好运或者是实惠，最终将不可幸免地走进他人的陷阱。须知，天上是不会掉馅饼的，如果真的存在，那个馅饼也是有毒的。在社会上骗子会提供种种诱惑，如金钱、名誉、地位、美女、机遇……尽管形式不同，但是，它们却有一个共同点，那就是骗子们抓住人们爱贪便宜的心理，使人们像着了魔似的不能脱身，毫不犹豫地跳进陷阱里。掉进陷阱里的人，全都是因为贪图不该属于自己的东西，被不属于自己的东西所诱惑，结果只能是得不偿失。

在生活中，我们经常遇到这样的情况，如收到一些来历不明的信息，说"为了庆贺某某公司成立十周年，特举行手机抽奖活动，您的手机号获得了二等奖，奖品是价值20万元的现代汽车一辆。请您于本月月底之前，向某某银行某某账号汇款1000元作为领奖报名费"。

但凡有理智的人都明白这是骗人的把戏，不会去上这个当。但是往往有一些人觉得花一千块钱买一辆小轿车是天上掉馅饼的好事。他们被美丽的谎言冲昏了头脑，就乐颠颠地跑向银行汇款了，汇完款之后又在异想天开地想象着开豪车的神气。结果呢，非但没有大发横财，还赔了夫人又折兵。

在这个世界上，存在着许许多多的诱惑，人们也有着许许多多的欲望。这是很正常的。我们需要做的，是用理智的心态来对待这些欲望和诱惑。当一些东西刺激你的神经时，你应该让自己冷静下来，仔细地观察、思考一下，看看它们究竟是机遇还是陷阱。只有这样，才能让那些居心叵测的人对你无计可施。

有策略地出击，不盲目行动

无论做什么事情，都应该有所谋略，绝不能鲁莽行事。以力服人或许能够让你取得一定的成效，但是，你的力气却是有限的，你可能在一些事情上占一些便宜，如果碰到了比你更有力的人，你再去硬碰硬的话，就难免要吃亏了。故而，自古以来，人们就不提倡那种只靠力气不动脑子的做事方法。

无论是古代还是现代，拥有强大的力量固然能够占有一定的优势，但是，并不是所有的问题都能靠力量和拳头解决的。比如，在商场买衣服的时候，对方要价偏高，你不愿意花冤枉钱，又很喜欢这款衣服。在这个时候，哪怕你的拳头再硬也派不上用场，你只能采取一定的谋略，让商家就范。比如，老板开价要100元，你说60元，老板说不能再降了。遇到这种情况，你做出转身就走的动作来，老板可能会叫住你，说一些价格上好商量之类的话。然后，再经过一番讨价还价的拉锯战，你也许就能花上60元买下你想要的衣服。

古语有云："凡战，所谓声者，张虚声也。声东击西，声彼而击此，使敌人不知其所备。则我所攻者，乃敌人所不守也。"就是说，要制造假象，让别人不知道你的真实目的，干扰对方的判断，然后"乘虚而入"，就能打胜仗。这里说的虚张声势也好，声东击西也罢，都是策略的一种表现形式而已。总之，凡事不能由着自己的性子来，做事也不能太直接，而应该多动一下脑筋，运用智慧来战胜敌人。

无论是在战场上还是在职场上，我们做事的时候，都应该采取一定的策略，在任何时候都不能贸然行事。否则，别人会认为你傻，你也得不到自己想要的东西。如果换一种方式的话，可能结果就会大不一样了。

小郑是一家杂志社的编辑，他平时工作非常努力，除了做好本职工作之外，还常常主动帮助同事们分忧，周末别人休息的时候，他还会主动来公司加班。同事们常常对他赞不绝口。对于同事们的夸奖，小郑总是笑着说："我是一个没有背景的人，如果再不努力工作的话，怎么会得到老板的重用和提拔呀？"话倒是实话，可同事们听了之后心里却很不舒服，故而，一段时间之后，公司便有了这样的谣言，说小郑爱出风头，自以为是，喜欢炫耀自己的本事。

小郑为此痛苦不已，但偏偏祸不单行，最近公司让他去采访一个重要的人物，但是那个大人物却拒绝了小郑的采访。想想领导们的眼神，再想想同事们的风言风语，小郑只好向公司递交了辞职书。

再就业以后，小郑在新公司里仍然踏实努力，只不过低调了很多。别人夸他的时候，他总是谦虚地说，"混口饭吃不容易，拿公司的钱，当然就得为公司出力，不然就会危机重重啊。"结果，领导和同事们都说，小郑这个年轻人工作踏实，没有野心。两年之后，小郑凭着出色的业绩和良好的人缘被提拔为该杂志社的副主编。

要想得到老板的重用，必须具备一定的实力。但是，有了实力还不够，还需要动一下脑子，采取正确的策略。就拿小郑来说吧，他在第一家公司的时候，想得过于简单，单方面地认为，只要自己工作努力，其他的就可以忽略不计，也可以得到领导的重用和提拔。但是他却忘了，一个不懂得掩饰自己雄心的人，往往会给别人带来很大的危机感，因为有了你这样的对手存在，别人心里自然就会不舒服，难免就会散布一些谣言。这样一来，哪怕你有多大的实力也扛不住别人的轮番"轰炸"，最终你很可能会惨败。幸好小郑吸取了教训，在第二家公司的时候，采用了正确的策略，不但较好地保护了自己，同时也得到了自己想要的东西。小郑前后两次不同的工作经历，很好地证明了"以力服人"和"以谋服人"的区别。

有人说，21世纪什么都缺，但就是不缺人才。如果你想在人才济济的"人堆"中胜出，除了要具备一定的实力之外，在做事上还要懂得采用正确的策略。万万不能仗着自己有着优秀的工作能力就有恃无恐，鲁莽行事。

第8章

坚持信念：坚韧执着，不达目的誓不罢休

信念坚定，勇往直前

一个没有目标的人，哪怕有着超人的才华和优秀的工作能力也是没有用的。因为，他不知道自己的才华和工作能力该用在哪里。

目标的重要性无须多言，每个人都明白，这是成功的基础。有了目标之后，人们才会有前进的动力，才不会盲目地进攻，才知道哪些事情应该做，哪些事情不该做……那么，对于奋斗中的人们来说，怎么才能确定一个明确的目标呢，我们知道，人生确立一个什么样的目标，需要考虑主客观的条件。

每一个人的条件不同，目标也就不可能相同。不过，确定目标的方法却基本是一致的。

1.目标要符合社会发展潮流

个人目标犹如一个"产品"，而大的社会则是"产品"应用的"市场"。没有市场需求的产品就等于废品，因此，我们在制订目标的时候就应该考虑到社会的需要。毕竟，有了需求才会有市场，才会有个人的位置。

2.确立目标应该适合自身特点

不同的人有着不同的性格、兴趣和长处。我们在确立目标的时候，就应该以这些作为基础和参照物，把目标建立在你最喜欢和最擅长的东西上。一旦做到了这一点，奋斗起来就会轻松许多，遇到的困难也会小得多，奋斗的过程中也就不会出现太多苦恼和迷茫。

3. 目标应该符合现实

有些人在制订目标的时候，总是感到非常迷茫，不知道应该制订一个较高的目标，还是制订一个稍微低一点的目标。总体来说，制订一个较高的目标要好一些，但是在制订较高目标的时候，千万不能好高骛远，脱离现实。当然，制订一个相对低一些的目标也未尝不可，但是万万不能制订得太低，那样的话，就不利于个人才能的发挥。

4. 目标不能太宽泛

目标在层次上有高低之分，在幅度上也有宽窄之别。我们在制订目标的时候，尽量不要制订得太宽泛，而要相对窄一些，制订得窄了，就能使你的力量集中。也就是说，用相同的力量来做不同的事，专业面越集中，作用就越大，成功的概率也就越高。因此，在目标的幅度上，还是窄一些好，这样的话就能将全部精力都投入进去，成功的概率就大一些。

5. 目标实现的预期要长短配合

制订一个长期的人生目标，可以对人生有较好的规划，但是如果时间太长，人在奋斗的过程中就可能出现懈怠，一旦发现不能实现，还有可能轻易地放弃；制订一个短期的目标，实现起来固然要容易一些，但是，如果只盯着短期目标的话，人就可能变得鼠目寸光，缺乏整体的打算。故而，在制订目标的时候，要做到预期长短结合。在你的工作生涯之中，可以通过短期目标的达成来体验追求的乐趣和成就感，同时有了长期目标的存在，你就不会志得意满，忘乎所以。

6. 在同一时间段内，目标不可太多

对于一些工作目标而言，在同一个时期内不能制订得太多，最好集中为一个。须知，目标多了就会分散注意力，也就等于没有了目标。比如，狼在追逐猎物的时候，从来只是死死盯着一只不放，却不会在同一时间内去追几个猎物，因为这样做比较困难，还会白白地浪费体力。

7. 目标一定要明确

目标就好比射箭的靶心，应清清楚楚地摆在那里。如果这个靶心过于模糊，也就失去了其应有的作用。比如，有人胸怀大志，立志要做一番事业，但是事业如此广泛，他却不知道具体从事什么领域，也不知道怎样做，这样就等于没有目标。立志做一番大事业不是目标，而是信心和激情，两者是不可同日而语的，如果你将激情当成了目标，非但不会让目标发挥应有的作用，还可能制造假象，你投入了大量的时间、精力和资金，也是没有任何意义的。到头来，还会上演十年之功毁于一旦的悲剧。

8. 制订目标还要给自己留有余地

目标是前进的动力，但是制订不恰当有可能成为紧箍咒。比如，你给自己制订的目标过死，没有回旋的余地，非要在三年之内如何，五年之内怎样，而这些目标却未必能够在三五年内就能顺利实现。你为了达成这个目标，就会加快步伐，这样一来，就可能导致欲速则不达，不但使计划落空，还会影响工作的质量。最终目标就失去了其应有的作用。故而，在制订目标的时候，可以适当地激励一下自己，却不能强迫自己，而是要适时地留有一定的余地。

低调隐忍，只为一飞冲天

成功和拥有财富是成千上万人的梦想，但是真正实现自己梦想的人却是凤毛麟角。有人说，这是命运和机遇在作怪。事情绝非这样，真正的原因就在于，在追求成功的道路上，面对种种艰难险阻，太多的人缺少坚韧的性格，缺乏忍耐精神。他们喜欢幻想，却又意志脆弱。

自古以来，人们就推崇大丈夫能屈能伸、忍辱负重的精神，反对那种没有城府，遇到一点小事就发脾气、使性子的作风。几千年来，人们一直认为，忍耐是理智的选择，是成熟的表现，也是成功的先决条件之一。忍耐，就是要把眼光放得远一点，为了长远的目标，能够忍耐一时的痛苦，不计较眼下的一些得失。

对于成就大事的人来说，忍辱负重是成就事业必须具备的基本素质。孟子说过："天将降大任于斯人也，必先苦其心志，劳其筋骨，饿其体肤，空乏其身。"宋人苏轼在《留侯论》中说："古之所谓豪杰之士者，必有过人之节，人情有所不能忍者。匹夫见辱，拔剑而起，挺身而斗，此不足为勇也。天下有大勇者，卒然临之而不惊，无故加之而不怒，此其有所挟持者甚大，而其志甚远也。"能在各种困境中忍受屈辱是一种能力，而能在忍受屈辱中负重拼搏更是一种本领。小不忍则乱大谋，凡成就大业者莫非如此。古往今来，有很多人的成功都是建立在忍耐的基础之上的，比如卧薪尝胆的勾践，受胯下之辱的韩信等。

越是潜伏得时间久的鸟，就会飞得越高，而越是盛开得早的花儿就越是凋零得快。某种意义上说人生的过程就是一个忍受磨难、挫折和困难的过程。越是急不可耐，越是苛求成功，就越会栽跟头。因此，为了成功，我们就应该学会忍耐。

有人觉得，忍耐是一种没有骨气的表现，是为五斗米折腰的卑躬屈膝之举。这样理解就有些偏颇了。毕竟，除了一时的尊严之外，我们还有更长远的目标，只要眼下的折磨不违背做人原则，只是牺牲一下个人的尊严，我们还是应该选择忍耐。一时的容忍不是对命运的屈服，也不是卑躬屈膝，而是对未来的积累和铺垫。

在太多的时候，我们需要放低姿态，匍匐前进。如果我们一直昂着头走路，就难免会有撞得头破血流的一天。匍匐前进，从表面上看去显得非常不舒服，速度也比较慢，缺乏英雄气概，但是，很多时候，这样的方式却是最快捷、最安全、最有成效的。

谚语云："万事皆因忙中错，好人半自苦中来。"要成就一件事情，须观察时机，等待因缘，急不得的。忍耐受苦是一种承担、一种处理、一种等候。许多事业有成者都在忍耐多次失败后，愈挫愈勇，最后取得了成功。因此，幻想一夕有成，不如在艰难困苦当中忍耐、蓄积力量，一旦时机成熟，必然水到渠成。

在生活中，我们经常会遇到一些令人气愤的事情。遇到了这些事情之后，有的人会任性而为，大发脾气，甚至大吵大闹，伸拳动腿，更有甚者还会寻死觅活，总之，就是咽不下胸中这口恶气。结果呢，气倒是出了，坏事也跟着来了。那些理智的人却相反，他们认为这种任性而为的选择是幼稚的，为了泄一时之愤而做出一些出格的事情来，可能会影响人生的整个格局，因此，他们选择了忍耐。在他们选择忍耐的时候，成功也就悄悄地降临到了他们的身上。

人们都说，"忍"字心头一把刀。其实这把刀不是用来伤害自己的尖刀，而是催促自己为了事业前进的利剑。只要我们运用得当，忍一时之痛、之愤，就一定能够等到胜利的那一刻。

时机来临时，果断出击

机会是取得成功的重要元素之一。它是一个非常奇妙的东西，有了它，做事就能事半功倍，更快地取得理想的结果，没有它，哪怕有再好的先天条件，付出了再大的努力，成功依然显得那么遥远。机会又是一个不好把握的东西，说它遥远，有时候它就潜伏在你的身边，说它很近，它却总是看不见、摸不着，显得那样遥远。其实，机会并不是那么虚无缥缈，也不是靠坐等就能得到，要想得到它，就应该立足于现实，用一双慧眼来发现它，把握它，然后再付出迅速的行动。

20世纪90年代初，沿海地区的许多村镇率先富了起来。但是地处内陆的赵家村却依然非常贫穷。尽管该村盛产又大又漂亮的水果，但是，由于地处偏僻的山区，交通闭塞，那里的特产很难转化为经济效益。每年秋天，赵家村的村民只能眼睁睁地看着这些被城里人称为"绿色食品"的水果烂掉。

突然有一天，有几个外国人走到了这里。他们看到这些无公害的水果时，顿时两眼放光，当下就准备全部购买。但是他们听说这里的交通条件十分落后，只好耸耸肩，遗憾地否决了这样的想法。

看着转身而去的外商，村民们感到非常遗憾。正在这时候，村长老赵走向前去拦住了外商的汽车，对他们说："交通不方便，由我们来想办法，我们一定要把水果卖出去。"老赵的诚意感动了外商。他们表示，只要能把路修好，他们就会来签订单。

老赵立即组织村民集资修路，但是村民们的集资对于修路来说，却是杯水车薪。这时候，老赵就咬牙决定，向银行贷款。老赵知道，外商的到来，给这个村子带来了一个千载难逢的好机会，如果因为缺少资金而荒废了修路，赵家村可能以后都不会有人再来。

老赵拿到贷款之后，就带着工程队和乡亲们开始了艰难的开山修路工程。经过半年多的艰苦奋斗，他们终于修好了一条通向外面的简易公路，尽管这条公路修得并不怎么样，但是这条不起眼的公路却让赵家村发生了翻天覆地的变化，从此之后，一车一车的水果被运出了赵家村，赵家村的村民们也都过上了好日子。

古人说得好，"机不可失，失不再来"，由此可见，机会对于我们来说是多么的可贵。但是，并不是每一个人都能顺利地抓住机遇。这里面的原因有很多，可能是他们没有看到有利时机，也可能是当机会到来的时候，他们却更多地注重了机会所带来的负面因素。无论是出于哪方面原因，总之，机会就这样悄无声息地从他们身边溜走了。或许，他们会抱怨上天的不公，埋怨幸运之神的无情，但是这些抱怨都是没有用的，他们也只能停留在原点上，没有任何作为。

机会总是青睐于那些有准备的人。在捕捉机会的时候，既要耐心地等待，还要培养起狼一样的敏感，时刻瞪大眼睛、竖起耳朵去观察周围的环境，一旦机会出现之后，就应该毫不犹豫地飞扑过去，绝不能让稍纵即逝的机会从眼皮之下溜走。需要注意的是，抓住机会需要行动，比行动更重要的则是敏锐的眼光，如果眼光出现了问题，再好的机遇你也把握不住。

有这样一个故事。卖鞋的两兄弟同时来到了非洲，准备在这里开辟一个新的市场。但是，非洲人是不穿鞋的，哥哥看到之后感到这里没有任何商机，就打道回府了。而弟弟则留了下来，他在非洲待了几个星期之后发现这是一次发财的好机会。他拍电报对哥哥说："这里的人虽然不穿鞋，但是都有脚疾，需要鞋子。不过我们卖的鞋子都太瘦，对他们来说不适合，我们需要生产一些肥大的鞋来卖给他们。"哥哥看到电报之后，想也没想就把电报撕了。弟弟无奈，只好回来自己监督生产，之后再带着大量的产品去非洲卖。最后，弟弟成了百万富翁，而哥哥依然是一个鞋子零售商。

机会明明就摆在眼前，可是哥哥却没有发现它。而弟弟却从中发现了商机，并及时地付出行动，生产出了大量的鞋子去非洲贩卖。这就是兄弟俩一个成为百万富翁，一个依然是鞋子零售商的原因。

在人群之中，有许多人碌碌无为了一辈子，就在于他们没有抓住有效的时机，不能付出及时的行动。在机会到来的时候，他们前怕狼，后怕虎，犹豫不决，搔首踟蹰，不敢做出决定，也不敢主动出击。拥有这种退缩的心理，注定不会取得成功。故而，我们既要发现机会，还要看准机会，然后迅速出击，唯有如此，才有可能取得进步，获得成功。

与人分享，分享让人快乐

当今社会中，有很多人都很吝啬，自私自利，他们只想着最大限度地攫取个人的利益，却很少去考虑怎样去和别人分享。他们做起这些事来，没有丝毫的羞耻感，反而还会振振有词地为自己辩护"人不为己，天诛地灭，有了好东西当然要独吞了"。诚然，为自己着想并没有错，但是过于自私却不是理智的选择，那样虽然会让你得到眼前的利益，但却很可能让你失去长远利益，如果你处处都在为自己着想，那么到头来必将得不偿失。尤其是现代社会中，随着经济的发展和社会分工的细化，如果你不考虑别人的利益，你就会走进死胡同。因此，人要想更好地在现代社会中生存和发展，就应该善于和人分享，不能做吞独食的人。

现代商业社会充满着巨大的压力与竞争，为了在这个社会中立足，许多人就开始与别人进行斗争，他们认为，只有唯利是图，不惜一切代价击垮对手才是上策，其实这恰恰是对竞争的误解。须知，人是群居动物，有其社会属性，个体的人是不可能独立生活在这个社会中的。人与人之间关系的好坏，直接影响着事业的成功与否。如果一个人一心只想着自己，过不了多久就会失去人心，从而被这个社会所淘汰。一旦到了那个时候，后悔也就晚了。

20世纪80年代，高文光在天津开了一家经营五金机电的公司。公司刚开张的时候，只有五名员工，三间简陋的门面房，两辆送货的三轮车，既没有雄厚的资金，又没有较强的知名度。为了能够在激烈的竞争中生存下来，高文光就提出了"一盒螺丝钉也要送货上门"的口号，渐渐地，这种"赔本赚吆喝"的做法起到了很好的效果，公司开始有了知名度，客户也越来越多。

有一次，一个员工去给客户送货。在搬完东西之后，就拿出了自己的名片递给客户说："如果您以后想进货，可以直接给我打电话，批发商都是从我们公司进的货，我们的价格肯定比他们便宜。"对方未加思索就爽快地答应了，有利可图的事对他来说正是求之不得，两个人一拍即合。

那个员工回去之后把这件事情告诉了高文光，满心欢喜地等待他的夸奖，但是没有想到的是，高文光听到之后不仅没有夸奖他，还把他臭骂了一顿，告诉他："以后再做出这样的事，绝不轻饶！"那位员工对此感到很委屈，觉得高文光太讲义气，不像赚大钱的人。

后来，高文光的朋友听说了此事，就问他："老高，你是不是疯了，放着赚钱的机会不要，你这是为什么呀？"高文光笑着解释说："如果天下的钱都让你赚了，大家都没钱了，你还赚谁的钱去？"朋友无以反驳。虽是一句玩笑话，却体现了高文光独特的经营理念——不"贪食"，不抢别人的饭碗。20年后，高文光成了天津市有名的亿万富翁。

不吃"独食"，不仅是经商之道，更是一种睿智的成功观念。有个大富豪说过：财富如水，如果是一杯水，你可以独自享用；如果是一桶水，你可以存放在家里；但如果是一条河，你就要学会与人分享。不同的财富观决定不同的人生。高文光的故事告诉我们，分享才是聪明的生存之道，只有不吃独食的人才能够得到越来越多的食物。苏联作家奥斯特洛夫斯基说过，帮助不是单程票，帮助别人，就等于帮助自己，这在朋友间尤其适用。有的时候，互相帮助也是一种资源，是通向成功的桥梁。的确，若是我们能抛开狭隘的自私之心，心无芥蒂地和别人分享自己的成果，我相信，我们离真正的成功就不远了！

主动和别人分享自己的所有，为别人贡献自己的一份力量，是做人的一种境界，也是一种智慧。当然，我们和别人分享的东西可以扩展到生活中的方方面面，比如知识、智慧、微笑、技术、劳动等。只要我们有主动分享的心态和无私奉献的意愿，就会让生活充满喜悦和快乐，让自己收获温暖和友情，同时也能得到更多的资源和财富。

主动将自己的利益让出来，同有需要的人分享，虽然会让你在短期内有一些或大或小的损失，但是，从长远的角度来说，最终受益的人还是你自己。美国著名的成功学大师拿破仑·希尔指出："为你自己找到幸福最有保障的方法，就是奉献你的精力，努力使其他人获得快乐。如果你把幸福带给其他人，那么幸福自然就会来到。"因此，我们对待世界和他人，应该少几分索取，多几分奉献；要善于与人分享。

志存高远，让雄心引领你致富

曾经有这样的一个故事，法国一个亿万富翁去世的时候，竟然在遗嘱里面用100万法郎做奖金，向人们提问"穷人最缺什么"这样一个问题。后来，有48561个人给出了不同的答案，而给出正确答案的却是一个小姑娘。她的答案公布之后，让很多人都感到震惊，原来，穷人缺少的不是机会，也不是知识，而是"成为富人的雄心！"

自古以来，大部分中国人就非常满足于"两亩地，一头牛，老婆孩子热炕头"的生活，他们不愿意冒风险，也不愿意去追求更高级的东西。诚然，这种自得其乐的田园生活安静平和，但是须知，安静平和是暂时的，一旦出现了一些意外，碰到了需要花钱的地方，到了捉襟见肘的地步，你就能够体验出什么是"贫贱夫妻百事哀"了。到了那个时候，恐怕你就没有了"粗茶淡饭布衣裳，老夫来享"的闲情雅致了。因此，你应该让心中沉睡的雄心迅速苏醒过来，给自己制订一个较高的人生目标。

或许，有人说，自己并不是不想奋斗，也不是没有目标，但是自身条件存在着种种不足，现实中缺乏提供支撑雄心的条件，因此，有很多事只能敢想不敢做。我们应该明白，英雄是不问出处的，现实中的种种不利条件不能作为妄自菲薄、自甘落后的借口。一个有志向的年轻人不能在风华正茂的年纪就毫无斗志、死气沉沉，而应该把目光放远一些，敢于给自己确立一个远大的目标，并为之进行不懈的奋斗，只有这样才能让生命更有意义。

菲尔·强森的父亲开了一家洗衣店，并让他到店中帮忙。他的父亲之所以这样，是希望菲尔·强森将来能够接管这家洗衣店。可是，菲尔对这项工作并没有丝毫的兴趣，他觉得自己的一生不应该被困在这家小小的洗衣店里。因此，每天菲尔在工作的时候都是懒洋洋的，没有任何精神，除了一些必要的工作之外什么事情也不操心。有时候，他还故意"旷工"。父亲看到之后，感到非常伤心和失望，认为自己养了一个不争气的儿子，让他在员工面前丢尽了颜面。

后来，有一天，菲尔告诉父亲：他要到一家机械厂去上班，做一名机械工人。父亲对他的选择感到十分惊讶，也不打算支持他的这一想法。但是主意已定的菲尔最后还是去了机械厂。他穿上脏兮兮的粗布工作服，干起了比洗衣店更辛苦、工作时间更长的工作。他在机械厂里干活十分卖力，并且又学习了工程学课程，研究引擎，装置机械。后来，他成为了美国波音飞机公司的总裁，他研究制造的"空中飞行堡垒"轰炸机，在第二次世界大战中为盟国的胜利作出了巨大的贡献。

如果当年菲尔·强森按照父亲的安排经营洗衣店的话，那么，在他的父亲去世后，他的洗衣店或许就不会存在了。即使能够维持下去，他的一生也可能在默默无闻之中度过。

很多时候，我们需要面对现实，但是面对现实并不意味着胸无大志，只满足于眼前短期的收获。我们该做的，是立足于现实，而又不能满足于现实，要给自己树立一个长远而又符合实际的目标。唯有如此，我们的人生才能活得更加精彩。

一个没有雄心的穷人，只懂得看眼前，满足于眼前的一些收获，却很少考虑将来的种种。他们的人生就像一汪清水一样，泛不起任何的涟漪。有朝一日一旦水面起了大风，他们就会缺少迎风破浪的能量。而这种能量，正是我们所说的雄心。

雄心，是一种"道"，也是一种精神。有了这种"道"，可以防止你在奋斗的过程当中浑浑噩噩、死气沉沉；有了这种精神，就能够激发起你的创造意识和创新意识。这种雄心并不是狂傲自大，而会催人奋进，有了它，你就能够收获更多。

梁启超说过："男儿有志兮天事，但有进兮不有止。"无论我们处在什么样的环境之中，都不能丢失那份应有的雄心。如果没有了雄心，我们就会毫无激情，收获甚寡，一旦有了雄心做支撑，我们每天都会活得很精彩，我们的财富也会越来越多，我们的事业也会越来越好。

有目标更要有计划，方能将目标切实落实

在现实生活中，有些人并不是没有目标，但是工作起来总是缺乏合理的计划。每天黎明即起，一直忙到月上柳梢，却不知道自己究竟在忙些什么，在手忙脚乱中，既感到疲惫，又觉得时间不够用。结果到头来，既把自己忙得焦头烂额，还留下了一个烂摊子，到了紧急关头，不得不草草了之，敷衍交差。这样的忙碌是没有效果的，除了疲劳之外，没什么别的收获。我们需要的不是这种毫无次序的忙碌，而应该在苦干之前进行一番细致的思考，制订一个完整的计划，然后再按照既定的计划有条不紊地进行工作。只有这样，我们才能够达到预期的效果，实现我们的目标。

我们在上学的时候，都学习过"统筹方法"，其实，统筹方法并不是数学中才有，在生活中也需要这种知识。

20世纪40年代初，残酷的第二次世界大战还没有结束。在战争中，危害士兵生命的，除了炮火之外，还有疾病。为了防止一些危害较大的疾病在军营中传播，美国医学家就准备从军营中找出这种疾病的携带者，要想找出疾病携带者，就要对士兵们进行抽血检验。

美军战士有几十万人，但是军医却很少。如果一个一个检验的话，恐怕就会耽误很多时间。军医道夫曼的脑子里在不停地想着化验的每个步骤：抽血，投入试剂，观察反应……这时候，他突然想到：如果以一百个

人为单位，将他们的血放在一起化验就会让速度加快许多。如果这一百个人的血液里都不含病毒，就能悉数通过。如果这一百人当中有一人携带这种病毒，只需将他们分成十组进行化验，就能很快得知哪一组士兵染有这个病毒，然后再逐个化验就能节省不少时间了。他将这一想法提出来之后，很快就得到了大家的赞同，然后他们就按照道夫曼的想法去做了，最后果然大大地缩短了验血的时间。

其实，无论做什么工作，都应该动一下脑子。一味地埋头苦干，只能说明你敬业，却并不代表能有很好的效果。因此，我们在采取行动之前，最好制订一个切实可行的计划，绝不能做那种既浪费体力又达不到预期效果的工作。

古代军事家孙膑在赛马的时候，就提出了这样一个主张："取君下驷于彼上驷，取君上驷于彼中驷，取君中驷于彼下驷。"结果，同样的三匹马，由于安排的方式不同，最终取得的效果也就不同。孙膑说的何止是赛马，在职场的竞赛中也同样需要这样的智慧和计划。在职场中，我们要想得到想要的东西，就应该有计划地安排自己的工作，而不是一头扎进去瞎忙活。

有一个公司的销售部经理到了退休的年龄，在退休之前，他向领导们举荐了两个吃苦耐劳、工作踏实的小伙子。这两个小伙子一个是小郑，一个是小邓。但是，经理的位置只有一个，在用谁不用谁这个问题上，领导们有点犯难。最后，经过一番商议，领导们决定将公司刚刚运来的六十车水果，分给这两个人。同时告诉销售部经理，谁先把自己名下的水果卖完，谁就能坐上经理的位子。

于是，销售部经理就将两个人叫到了办公室，传达了领导们的意思。听说自己有升职的希望，两个小伙子都热血沸腾，摩拳擦掌，势在必得。特别是小郑，他回到自己的办公室之后，就像着了魔一样，将公司的各大客户的资料都找了出来，记下他们的联系方式和公司地址。然后上午往这个公司跑，下午给那个公司打电话，几天下来，整个人都快累瘫了。

而小邓这边呢，表现得却没有小郑那样急。他没有翻箱倒柜去找客户资料，也没有给一些公司打电话，而是在经过一番思考之后制订了一个计划：他将不同的水果分类包装，做成了一个个的"水果花篮"，然后他再把这些"水果花篮"分别投放到了各大超市、菜市和医院、小区的门口。

结果，当小郑忙得脚不沾地的时候，小邓却满面春风地从销售经理的办公室里走了出来，胸前还别着"销售经理"的胸牌。小郑看到之后，疑惑不解，茫然不知所措。

为什么忙前忙后起早贪黑的小郑没有获得成功，而看似非常悠闲的小邓却坐上了销售部经理的位子了呢？道理很简单，三十车水果，再大的客户也难以"消化"，小郑的辛劳也只能是瞎忙活，而小邓却能够动脑筋，制订了一个完美的计划，将水果变成了既好看又大方，还富有营养的"水果篮"，然后将这些水果篮化整为零，投放到了这个城市的各个角落。结果，看到这种别致的水果篮，很多人就有了购买的欲望，就这样，三十车水果被市民们轻松地"消化"了。

有了目标是好事，但是在走向目标的途中，还要仔细地思考一下，用什么样的方式来达到目标。如果缺乏一个合理科学的计划，付出百倍的努力也没有用。故而，无论你是职场中的新人，还是老手，万万不能像无头苍蝇似的乱飞乱撞，做一些无用功。对于每一个人来说，对待目标，就应该像对待战争一样，当你准备"厮杀"的时候，还要为自己量身制定一套切实可行的计划，之后再按照你的计划行事。唯有如此，才能省时省力，事半功倍。

第9章

永不服输，越挫越勇，只有弱者才甘愿失败

善于挖掘，从困境中发现新的机遇

动物的世界弱肉强食，人的社会又何尝不是如此。在这个竞争激烈的社会中，每个人稍有不慎就会陷入一些困境之中。这是非常正常的现象。只是，有的人在困境之中无法摆脱失败的阴影，在逆境之中选择了沉沦。而有的人却能够像上面所说的那匹小狼一样，在和困境做斗争的过程当中不断地壮大自己。两种不同的选择，也造就了两种不同的人生。

困境是每一个人都不愿意看到的，但是它却总是在我们毫无准备的情况下来临。困境来了，无论心里有一千个不愿意、一万个牢骚，终究要去面对，躲是躲不过的。在这个时候，你需要的不是悲观丧气，自怨自艾，而应该用乐观的心态来面对它，用积极的心态来战胜它。其实，困境并不是走投无路、奔走无门的绝境，其中还潜藏着很多机遇，只不过是你没有发现罢了。我国古代伟大的思想家老子说过："祸兮福之所倚，福兮祸之所伏"，如果把困境比作"祸"的话，成功就是"福"。"福"与"祸"是相辅相成共为一体的，困境表面上是"祸"，而在它的深层中却隐藏着成功的"福"。实际上，福祸相依，困境中潜藏着机遇，是一个不争的事实。例如，当我们的生活非常平静，事业做得风生水起的时候，我们就会志得意满，洋洋自得，很难察觉到哪些地方做得不好，一旦我们的生活出现了波动，事业出现了挫折，我们就会去分析出现这一现象的原因是什么。然后，我们就会动脑筋，思考下一步的出路。当我们重新站起的时

候，我们必定会做得更好。这一切，不都是困境对我们的慷慨馈赠么？为什么还要去抱怨它呢？

困境并不可怕，可怕的是我们不能以正确的心态去面对它。只要我们有一个健康的心态，就一定能够在困境之中发现机遇，然后再用实际的行动来走出困境，走向成功。

一个女人43岁那年，她的丈夫下岗了，她的儿子还在外地上大学，家中所有生活的重担都压在了她的身上。然而，祸不单行，第二年，她也下岗了。面对沉重的打击，她选择了咽下眼泪和痛苦，重新站起来，支撑这个家。

她开始了摆小摊卖早餐的生活。每天早晨5点之前，天蒙蒙亮，整个大地还处于沉睡之中的时候，她就早早地从床上爬起来，收拾东西开始忙碌。以前在单位的时候，她是一个沉默寡言的人，领导问话的时候，她都会心跳加速，面红耳赤，说话结结巴巴。如今，为了生活，她不得不扯起嗓子站在大街上对着来来往往的人群大喊："油条，新出锅的油条啦！""八宝粥，又卫生又营养的八宝粥啦！"为了招揽顾客，她还要编些新词儿，引起行人的注意。由于她很努力，第一个月就赚到了2300多元钱，比下岗前的工资还多了1000多元。这让她感到非常兴奋。

她的生意慢慢好了起来，一个人经常忙得团团转，于是她就说服丈夫和她一块出摊卖早餐。夫妻俩同心协力开始了新的生活旅程。他们先从卖油条和粥开始，后来又租了一个门面房卖饺子和小吃，最后又开了面食食品加工厂。她从一个下岗职工到拥有800多万资产的民营企业家，只用了短短8年的时间。在这8年里，她遭遇了不少的困难，吃了不少的苦，但最终获得了成功，并被当地市政府评为"再就业明星"和"市三八红旗手"。

她的名字叫——蒋桂芝，在河北省廊坊市的名声比市长还要大。每当提到她的名字，人们都竖起大拇指。蒋桂芝在记者采访时说："以前总认为自己什么事情都办不成，能在单位有口饭吃就不错了，但是下岗之后，不得不进行多种尝试，也发现自己能做的事情有很多，如果不是下岗的话，恐怕我现在还在浑浑噩噩地混日子呢。"

夫妻下岗，让一家人的生活陷入了困境。面对沉重的家庭负担，仅仅依靠下岗职工生活保障金根本解决不了问题，面对困难，一味地去埋怨命运也不可能改变现实。蒋桂芝懂得这个道理，身处困境中，她没有倒下，而是从中发现机遇，寻找机会，最终，她获得了成功，取得了让其他下岗职工艳羡的成就。

一个有大志向的人，千万不要害怕困境，相反，还要感谢困境。因为困境给我们提供了重新崛起、浴火重生、凤凰涅槃的机会。如果我们没有一个积极的心态，只知道带着灰色眼镜来看待问题的话，我们将会永远沉浸在困境当中而不可自拔，我们的生存状况也会越来越恶劣，我们的人生只会越来越黯淡。作为一个有理想的人，绝不能在困境中选择沉沦，而应该积极地面对，寻找新的机会，让自己重新站立起来，以积极的行动，走向成功的巅峰。

失败了怕什么，大不了从头再来

人的一生也会遇到形形色色的困难和各种意想不到的挫折，有很多时候，人都要面临九死一生的状况。故而，失败也就成为每个人经常遇到的情形。在遇到失败之后，应该怎样呢，选择无非是两种：第一种是奋起直追，东山再起，用实际行动来战胜挫折；第二种则是怨天尤人，破罐子破摔，自甘堕落。很显然，第一种选择才是正确的。我们要想成为生活的强者，就应该做出第一种选择。

有很多人不是不明白什么叫"有志者，事竟成"，也不是不明白人应该愈挫愈勇，但是当挫折真正到来的时候，他们却将那些格言警句都抛在了脑后，开始沉沦。当然，他们有着充足的理由：失败不是偶然的，而是必然的，失败了就说明自己的能力不足，时运不济，如果再坚持下去的话，也不会有什么好结果，还不如就此打住。其实，说这样的话，只不过是一个体面的借口而已，是自我安慰罢了。但是，无论你怎么自我安慰，只要你不作为的话，生活就不会给你台阶下。等到你碰得鼻青脸肿的那一天，恐怕你就再也找不到自我安慰的理由了。

遇到了失败，就心灰意冷、丧失斗志，开始沉沦，不是自己安慰自己，而是自己打击自己，主动给自己贴上一个"失败者"的标签。如果你给你自己贴上了标签，别人是摘不掉的。当然，失败所酿成的苦果，也只能由你自己来承受，别人是不会和你共同分担的。所以，无论从哪方面说，你都应该重新站起来，绝不能原地不动，裹足不前。你应该告诉自己："挫折只是暂时的，大不了从头再来！"

1883年，美国著名的工程师约翰·罗布林准备建造一座横跨曼哈顿和布鲁克林的大桥。当他做出这一决定的时候，遭到了不少桥梁专家的反对。专家们认为，在历史上还没有出现过这样的桥梁，约翰·罗布林的计划纯粹是天方夜谭，如果实施的话，只会落个失败的下场。但是罗布林的儿子华盛顿·罗布林却认为这座大桥可以建成，因此就大力支持父亲的工作。最后，父子俩克服了重重困难，制订了比较完美的建桥方案，同时也说服了一些商人来投资这一项目。

在大桥开工几个月之后，施工现场突然发生了重大事故。在这次事故中，父亲约翰·罗布林不幸身亡，华盛顿的大脑也受到了严重的伤害。许多人听说这一消息之后，都认为这项工程没戏了。但是，受伤后的华盛顿·罗布林并不这样认为。尽管他已经丧失了活动和说话的能力，但是他认为自己的脑子还能够思考，因此，他就下决心要完成这座大桥的建设。后来，华盛顿·罗布林就用唯一能动的手指来和别人交流信息，他用那根手指敲击他妻子的手臂，然后再由妻子将他的设计意图转达给工地上的建筑工程师们。整整三年的时间，华盛顿就这样用一根手指指挥工程，最后，终于建成了雄伟壮观的布鲁克林大桥。

一个有着坚强信念和坚韧毅力的人，是不会轻易输给暂时的挫折的。他从来不会放弃希望，也从来不会怀疑自己的实力。失败对于他来说，只是暂时的遭遇，是一个调整自己的机会，更是一个发展自己、壮大自己的时机，绝不是命运的终点。故而，在失败来临的时候，他会毫不犹豫地站起来，挺直胸膛，迈开脚步，以更大的勇气和热情去扫除前进路上的障碍，从而走向成功的巅峰。

逆境下，你同样可以乘风破浪

对于人来说，大家都渴望拥有一个比较满意的外部环境，渴望拥有一个比较高的发展平台。不过，好的环境是可遇不可求的，有一些客观环境，我们没有办法去改变。在很多时候，我们不得不去面对那些让我们头痛，对我们的奋斗起着很大阻挠作用的不利环境。面对这样的环境，很多人感到非常苦恼，他们无力改变，甚至还悲哀地认为这是上天的安排，是命运的惩罚。对于这些人来说，他们并不是没有理想，也不是不想成功，但是懦弱的他们却把成功和理想当成了幻想，不敢给自己一个较高的定位。既然如此，目标再高，理想再远又有什么用呢？一个把环境看得非常重的人，是不可能有大作为的，他们只能把自己定格在失败者的行列当中，碌碌无为地走完人生的道路。

诚然，不好的环境对我们难免会产生一些负面的影响，不过，这种影响却是有限的。我们绝不能因为处在恶劣的环境中就自暴自弃，更不能因为环境不尽如人意就劝说自己要"现实"一点，告诫自己不想不该想的。那么，什么是现实呢，难道现实就是放弃努力吗？如果因为环境不尽如人意，就放弃努力，给自己一个较低的定位，那么，他必定是一个软弱无能的人，他的人生也就毫无价值可言。事实上，许多大人物的成功，并不是因为他们的出身环境多么优越，也不是因为他们是上帝的宠儿，而是因为他们的思想意识没有受到环境的束缚。他们没有因为环境的不如意而放弃自己崇高的人生目标。

克莱恩是古希腊的一个奴隶。在他生活的那个时代，奴隶只是人们的一种劳动工具。法律规定，除了自由民之外，像他这样的劳动工具是不准从事和追求艺术的，否则就要被宣判死刑。然而作为奴隶的克莱恩却没有被这不公正的法律吓倒，他以狂热的心态崇拜着艺术和神圣的美，并决心要让自己的雕塑作品在某一天得到伟大的雕塑大师伯利克里的肯定。于是在深爱他的姐姐的帮助下，他把自己的工作放在了地下室进行。姐姐为他准备了两盏油灯和足够的食物。

地窖里阴暗，潮湿，缺乏氧气，但是为了心中的艺术，克莱恩什么样的困难都能克服。

时隔不久，所有的希腊人都被邀请到雅典参观一个艺术品的展览。这次展览在当地的大市场上举行，由伯利克里亲自主持。在他的旁边，站着其他许许多多的知名人士。

所有伟大的艺术巨匠的作品都被陈列于此。在琳琅满目、美不胜收的艺术珍品中，克莱恩的作品显得尤为出类拔萃、卓尔不群，它们是那么的精美绝伦，仿佛就是阿波罗本人凿刻出来的。这堆作品成了人们瞩目的中心，所有人都在其摄人心魄的艺术之美前心旷神怡、赞叹不已，就连那些参与竞争的艺术家也心悦诚服地甘拜下风。

如果说环境能够决定一个人的一生的话，那么，克莱恩是绝对不会成为著名的艺术家的。克莱恩没有因为自己奴隶的身份而自暴自弃，放弃崇高的追求目标，更没有因为环境的不利而给自己一个低层次的定位，正是他这种不服输的精神，最终助他走向了辉煌，他的名字也永远刻在了世界美术史上。

逆境固然会对我们产生一些不利的影响，但是逆境并不是一无是处，而是存在着积极的意义。逆境是人生中的财富，如果没有了逆境的阻挠，我们就无法练就坚强的意志和大无畏的气魄，自己的人生价值也就无从体现出来。因此，面对逆境的时候，我们需要做的不是抱怨，而是感激。因为逆境给了我们破茧成蝶的机会。

有些人在顺境中能够较好地发挥自己的能力，但是，一旦遇到了逆境之后就像泄了气的皮球一样，要么借酒消愁，要么牢骚满腹、怨天尤人，要么轻言放弃。其实，如果他们能够傲视逆境，奋发图强，就一定有成功的那一天。

屡败屡战，越挫越勇终会成功

《圣经》里面有这样一句话："失败和痛苦是上帝与每一种生物沟通并指出他们错误时所使用的语言。"然而，许多生物并不了解上帝的苦心，当失败到来的时候，很多动物都会吓得心惊胆战，从而逃避一些所谓的"灾难"。它们在躲避灾难的同时也就意味着认输，也意味着躲避了和上帝的通话，同时也躲避了发展壮大自己的机会。

在我们的人生当中，难免要遭遇到几次失败。失败并不可怕，可怕的是失败之后没有爬起来的勇气。如果我们认输了，失败就会成为永恒，一旦我们能够藐视失败，有重新站起的精神和行动，那么，失败就会变成我们向上的台阶。我们应该明白，失败是走向成功的必经之路，每一次的失败里面，都埋藏着一颗叫作经验的种子。只要我们不戴着有色眼镜看待失败，就能够发现这粒种子，并且将它种植在心中，然后，就会有成功的那一天。

　　每一个成功者的辉煌背后都是由多次的失败积累而成的。曾经有一个获得冬奥会冠军的孩子，当别人问他是怎样走到这一步的时候，他毫不犹豫地回答："跌倒了爬起来，爬起来再摔倒，慢慢地，就不会摔倒，也就学会溜冰了，学会溜冰之后，再在跌倒之后爬起来几次，就能够获得冬奥会冠军了……"

　　"跌倒了爬起来，爬起来再摔倒……"这就是成功的秘诀。假如这个孩子的意志力非常薄弱，在跌倒之后轻易认输，不愿再爬起来，那么他非但学不会滑冰，更不用说成为冬奥会的冠军了。任何取得辉煌成就的人都是如此，没有一个人是在失败后放弃而获得成功的。下面，我们就来看一个屡败屡战的故事：

　　1832年，林肯失业了。后来，他去参加州议员的竞选，又以失败而告终。在短短的一年时间里，他接连遭受了两次沉重的打击，但是他没有任何的悲观和沮丧，而是迅速地调整了自己，以更加积极的状态投入到生活当中。

　　1835年，他和一个姑娘订婚了。但是，在婚礼的几个月前，他的未婚妻却不幸去世。这次沉重的打击让他在精神上受到了非常大的伤害，卧病在床长达几个月。

　　1838年，林肯决定竞选州议会议长，又以失败而告终。1843年，他参加竞选美国国会议员，但是这一次，他仍然没有获得成功。

　　未婚妻去世、竞选失败、接踵而至的打击对于任何一个人来说都是无法承受的，但是林肯却并没有被这些困难所吓倒，他没有选择放弃，每一次失败之后，他都迅速地站了起来，以更加坚定的心态去面对生活。1848年，他又一次竞选国会议员，没想到，这次他又落选了。在这次竞选当中，林肯还欠下了一屁股债，为了能够还清欠款，他准备申请去做本州的土地官员。但是，当他把申请递交上去之后，却被州政府拒绝了。州政府指出："要成为本州的土地官员要有卓越的才能和超常的智力，你却缺乏这些条件，无法满足这一要求。"

挫折练就了林肯的坚强，屡战屡败的他没有倒下，而是选择了继续奋斗。1854年，他再次竞选参议员，失败了；1856年他竞选美国副总统提名，结果被对手击败；1858年，他再一次竞选参议员，还是失败了。1860年，他参与总统竞选，最终战胜了对手道格拉斯，入主白宫。

有人做过统计，林肯的一生中，大部分的时间都是在失败中度过的。但是，他却没有在这些挫折面前倒下，而是选择了接受现实、战胜困难，最终迎来了人生的辉煌时刻。

苟子说："锲而舍之，朽木不折，锲而不舍，金石可镂。"面对挫折和失败，我们不能呼天抢地、抱头痛哭，而应该学会减轻压力，跌倒之后爬起来。毕竟，挫折是人生的必要经历，只有看淡挫折、以健康的心态来对待它，才能够取得成功。

我们应该知道，成功的获得不可能一蹴而就，往往要经过上百次的失败之后，才能够获得成功。失败是很正常的现象，挫折是人生的必要过程。失败后，我们应该从跌倒的地方爬起来，重新开始，从头再来，继续努力，追求胜利。

接纳失败，才有可能赢得新的成功

我们需要输得起的精神。无论面临多大的挫折和灾难，我们都应该学会心平气和地来看待失败，尽最大的努力去克服失败，而不能在失败面前丧失理智，选择躲避或者是自暴自弃。

既要赢得起，也要输得起，是一种成熟而又理性的宽广胸怀。生活中难免会有输赢，既然输了，就应该面对现实，理性对待。只有拿得起，才能放得下，看得开，同时也能为下一步的重新站立打下良好的基础。

泰国有一名企业家，将所有的资金都投到了曼谷郊区的15栋别墅的建设中。没想到，别墅群刚刚竣工，席卷亚洲的金融风暴就来临了，别墅一套也没有售出，这位企业家破产了。他只好眼睁睁地看着别墅被银行拍卖。为了还债，他不得不将自己的住所抵押给别人。

企业家的心情就像从山峰跌到谷底一样。很长时间以来，他一直情绪低落、一蹶不振，甚至有好几次有了自杀的念头。但是后来，他觉得老这样堕落下去也不是办法，于是就准备从头做起。

在一天吃早饭的时候，他发现妻子做的三明治味道非常好，于是就想到了卖三明治。当他提出这个想法的时候，得到了妻子的支持。从此之后，他的妻子就在家里做三明治，而他则推着自行车在街上叫卖。

有一个记者看到了他的现状之后，就在报纸上写了一篇《一个昔日的亿万富翁，今日沿街叫卖三明治》的文章，第二天，整个曼谷都知道了他的事迹。很多人怀着好奇或者是同情的心态来一睹这位昔日亿万富翁的今日风采。当然，他们也没有忘记买下这位企业家的三明治。很多人在吃了他的三明治之后，感觉味道很好，于是就成了他的长期客户。

就这样，企业家三明治的生意越做越大，最后他依靠卖三明治挣的钱走出了人生的困境，积累了重新崛起的资金。最后，又成为泰国著名的亿万富翁。

这个企业家就是被评为"泰国十大杰出企业家之首"的施利华。虽然从高高的山顶跌落到深深的低谷，但施利华并没有一蹶不振，而是坦然面对。对于有些人来讲，一个曾经的亿万富翁沦落到在街头叫卖三明治是一件十分不光彩的事，然而，施利华却赢得起也输得起，在这种良好心态的支配之下，他的事业又有了起色，最终他又成了亿万富翁。

古人说"胜败乃兵家常事"，在生活中谁也不可能一直是胜利者。只有能够承受住失败的摔打，经受住失败的磨难，才会成为生活的强者，只有输得起的人才有可能再次成功。

古往今来，许多成大事者都是因为输得起最终才获得成功的，而那些怕输的人最终会输得很惨。布衣天子刘邦，多次被对手打得落荒而逃，惶惶如丧家之犬，但是他看得开，放得下，能够乐观面对，因此就成了笑到最后的人。他的对手项羽，尽管力大无穷，英勇善战，却因为输不起，觉得失败之后"无颜去见江东父老"，最后只能落个乌江自刎、身首异处的下场。

对英皇集团老板杨受成来说，每年的8月30日是一个非常重大的纪念日。数年前的这一天，他一无所有，全身最有价值的就是一块手表。

事隔10年，已经拥有了10亿港元身价的杨受成在讲起这段经历时，心情很平静："那天，汇丰（银行）打电话给我，叫我立即去当时的汇丰总行。我到了那里，他们递给我一封信，然后又告诉我要接管我所有的财产。除了公司、房子、汽车之外，还有我身上的信用卡都要拿来抵债。当时我身上只剩下了一块手表。"

在这之前，年仅40岁的杨受成，已经拥有了一家属于自己的上市公司——好世界市场高效有限公司。杨受成春风得意，活跃在香港的钟表界、珠宝界、地产界以及股票市场。

然而天有不测风云。1982年年初，香港地产业出现了危机。杨受成的公司因为把所有的资金都押在了房地产事业上，从而陷入了财务危机，后来公司就破产了。汇丰银行接管了他的公司和所有私人财产。

杨受成后来回忆说："破产之后的巨大反差的确使人痛苦失落，倘若我的性格不够坚强，我早已看不开了，即使这样我仍然没有放弃，我相信我会有翻身的一天。我想如果有重新出头的机会，我就一定要做好。起码要做些事给人看，我不是一跌倒就爬不起来的人。我是一个打不死的老兵。我要努力，比以前更勤奋，要夺回失去的一切东西。"

凭着这种不服输的信念，以抵押和借贷开始，杨受成的宝石城珠宝有限公司开业了。数年之后，东山再起的杨受成的事业比跌倒之前更加辉煌。

许多人在遇到失败的打击之后就变得一蹶不振，但是杨受成却有着常人缺乏的笑傲商界的胸怀和勇气，正是因为他输得起，所以他有赢的机会。

失败来临时，如果选择哭泣，只能使我们陷入更加悲惨的境地。只有看开、看淡，不把失败当回事，才有可能改变眼下的处境，早日走出失败的阴影。

要有危机意识，不要在成功中沾沾自喜

孟子说："生于忧患，死于安乐。"如果一个人陶醉于眼前的胜利，缺乏居安思危的意识，对有可能出现的问题不做好充分的准备，很可能到时不知所错。故而，无论我们处在什么样的环境当中，都应该有忧患意识，绝不能麻痹大意，要对未来可能出现的事情做好准备，以免后悔莫及。如果我们缺乏预见性，就应该虚心地听从别人的建议和意见，让别人提醒自己为将来的事情做好准备。绝不能不听从别人的劝说，更不能将别人的好心当成是对自己的诅咒。如果这样做了，到头来吃大亏的必定是自己。

《三国志》中记载说："亡国之主，自谓不亡，然后至于亡；圣贤之君，自谓将亡，然后至于不亡。"《易经》记载道："君子安而不忘危，存而不忘亡，治而不忘乱"，所谓"忧劳可以兴国，逸豫可以亡身"便是这个道理。

翻开中国历史，我们不难发现，各朝各代的亡国之君，大都和陶醉于胜利之中、居安忘危、堕落丧志有关。秦王嬴政，叱咤风云，统一中国，自号"始皇帝"，幻想帝业永传，但没出两代，他的儿子胡亥就沉湎于安乐，将父亲留下来的政权毁于一旦。而那些有忧患意识、懂得居安思危的君主，如唐太宗李世民、清圣祖康熙等，则通过采取一系列措施，巩固了

国家政权，使王朝长治久安。

郭沫若在《甲申三百年祭》中曾指出：顺利时不可忘了还有逆境，平坦中不可忘了还有坎坷，大喜的日子不可忘了有可能隐伏着大悲，和谐的交响中不可忘了犹夹杂着不和谐音。《甲申三百年祭》是1944年为了纪念李自成农民起义而写的一篇文章。李自成起义为什么失败？原因之一是他被胜利冲昏了头脑，忘记了居安思危，缺乏忧患意识。

李自成，陕西米脂县人，初名鸿基，明末农民起义领袖。他率领农民起义军，经过十几年的艰苦斗争，横扫大半个中国，终于在1644年占领了北京城，推翻了明朝政权。李自成进京之后，自我感觉良好，觉得天下太平，可以高枕无忧了。因此，他陶醉于胜利的喜悦之中，滋生了骄傲的情绪。他全盘接受了明朝皇帝的宫殿和美女，整日沉迷于温柔乡之中。而他手下的文官们则忙着开科取士、登基大典，武将们忙着向前明官员们"追赃助饷"，士兵们忙着满城找乐子。没过多长时间，整个起义军就堕落腐化了。他们享受胜利果实的时候却忘记了山海关的吴三桂和东北的清朝政权正在养精蓄锐，对这两支重要的军事力量缺乏应有的警惕。

这样一来，整个起义军就丧失了斗志，他们只注重自己的享乐，开始厌倦战争。正当他们大肆享乐的时候，吴三桂和清军联合起来对他们发起了进攻。联军直逼北京城下，如梦初醒的起义军慌忙抵抗，可是此时的起义军早已没有了战斗力，双方在战场上刚刚接触，起义军就全线败退了。无奈之下，李自成只好率领大军狼狈离开北京城。

李自成无疑是一个英雄人物，在起义初期，面对朝廷一次次地围追堵截，面对一次次地孤立无援，他从没有放弃过，而是用自己的智慧转危为安。可是，当他来到北京城之后，就变成了另一个模样，变得骄傲自大起来，忽视了潜在的危险，放松了警惕，最终落得个满盘皆输的下场。李自成的教训，值得每一个人吸取。

微软公司总裁比尔·盖茨经常说："微软公司距离倒闭的时间永远只

有18个月。"尽管微软公司是世界上数一数二的大公司，但是比尔·盖茨却从未陶醉在胜利的表象当中，而是有着深切的忧患意识，做着全方位的准备工作。

一个国家没有忧患意识，那这个国家迟早要出问题；一个企业没有忧患意识，那这个企业早晚要垮掉；一个人没有忧患意识，不知何时就会遭到不可预测的灾难。在今日这个竞争激烈的社会，如果缺少了忧患意识，很可能瞬间就被对手打倒。故而，我们无论取得了多么大的成就，获得了多么辉煌的胜利，都不要被胜利冲昏头脑，而要时刻保持警惕，做到居安思危，未雨绸缪。只有如此，我们才能在竞争激烈的现代社会中居于不败之地。

第 10 章

能屈能伸：思维灵活，一切就能成活

发散思维，不走寻常路

发散思维是高级动物特别是人类最基本的一种思维形式。那么，什么是发散思维呢。心理学家给出了这样的解释：发散思维又称求异思维、辐射思维，它是指从一个目标或思维起点出发，沿着不同方向，提出各种设想，寻找各种途径，解决具体问题的思维方法。这种思维主要表现为两项思维、创意思维、颠倒思维等。一个人运用发散思维的次数越多，他所获得的机会也就越多，成功的概率也就越大。

在一段长达1000公里的电话线上，积满了雪，严重影响了电话通信的正常进行。为了清除积雪，有关部门向社会各界紧急征求方案。许多专家和其他相关人员纷纷提出了不少建议。然而这些建议都不能令人满意。有的做法复杂繁琐，有的耗时过长，有的花钱太多。迫不得已有关部门进行了公开报道希望能收集更多更好的建议。结果一位飞行员提出一个方案：驾驶直升机沿电话线上空飞行，飞机强大的气流可以清除电话线上的积雪。这一方案最后被采纳实施，效果又快又好。

从这个案例中我们可以看出，发散思维就是不按常理出牌，具有新颖性和独特性。我们要想具有发散思维，就应该学会独立思考，大胆怀疑，对于权威，绝不能盲从，对于固定的思考模式，要懂得大胆否定。对于那些固定的、习惯的认知方式，我们绝不能屈从，而是应该以前所未有的新角度、新观点去认识事物，提出不为一般人所有的、超乎寻常的新观念。

在我们的日常生活当中，谁的思维独特，谁就有可能收获到意想不到的惊喜和胜利。谁运用的发散思维较多，谁就可能收获较多。无数事实向人们证明：发散思维拥有着巨大的能量，它能够让人们在无路可走的情况下想到新的方法，让一些看似进入死胡同的事情变得充满希望。

华若德克是美国实业界大名鼎鼎的人物。在他未成名时，有一次，他带领下属参加在休斯敦举行的美国商品展销会，令他懊丧的是，他被分配到一个极为偏僻的角落。华若德克沉思良久，他觉得自己若放弃这一机会实在太可惜，而改变这种厄运需要一种出奇制胜的策略，可是怎样才能出奇制胜呢？他陷入了深深的思考……终于，一个计划产生了。

华若德克让他的设计师为他设计了一个古阿拉伯宫殿式的摊位，围绕着摊位布满了具有浓郁非洲风情的装饰物，把摊位前的那条荒凉的大路变成了黄澄澄的沙漠，他安排雇来的人穿上非洲人的服装，并且特地雇用动物园的双峰骆驼来运输货物。此外，他还派人定制了大批气球，准备在展销会上用。华若德克关照员工，在展销会开幕之前，任何人不能透露半点风声。展销会还没有开幕，这个与众不同的摊位设计就吸引了人们的注意力，不少媒体都报道了这一新颖的设计，市民们都盼望着展销会尽快开幕，以便一睹为快。

展销会开幕那天，华若德克挥了挥手，顿时展览厅里升起无数的彩色气球，气球升空不久自行爆炸，落下无数的碎片，上面写着："当你拾起这小小的碎片时，亲爱的女士和先生，你的好运即将到来，我们衷心祝贺你。请到华若德克的摊位，接受来自遥远非洲的礼物。"这无数的碎片散落在热闹的人群中，消息越传越广，以至于人们纷纷集聚到这个本来无人问津的摊位前，人山人海，生意异常兴隆，而那些黄金地段的摊位反而被人们冷落了。

哲学家告诉我们，不同的事物有着不同的方面，不同的事物之间也总是存在着一定的联系。而发散思维，正是建立在这一哲学基础之上的思维模式。这种思维具有发散性、多维性、求异性、想象性和灵活性等特

点，在发明创造中起着非常重要的作用。发散思维可以让人们摆脱固定思维模式的束缚，在思考问题的时候不落俗套，别具一格。它可以通过新知识、新观念的重组，产生更多更新的答案，创造出更多解决问题的方法。因此，发散思维在创新过程中扮演着极其重要的角色。无论是科学研究也好，还是解决问题也罢，如果能够灵活地运用发散性思维，用不平常的眼光去观察大家所熟悉的事物，就能够有所突破和有所创新。

有很多人在思考问题的时候，往往习惯进入一种思维定势的框框之中。这是很可怕的，这样做不但不能使问题得到有效的解决，还有可能导致脑子的僵化。因此，我们一定要懂得拒绝思维定势，学会运用发散思维，努力地从不同的角度和不同的层次去思考问题，观察问题。

我们生活在一个瞬息万变的社会中，绝不能一味恪守固有的经验，而是应该积极思考，从不同的角度去看问题。如果我们事事、处处都用经验主义来思考的话，势必会走入歧途，也势必会给自己的生活和事业带来非常消极的影响。

避实就虚，一招制敌

汉代人刘安在其著作《淮南子·要略》中这样说道："击危乘势以为资，清静以为常，避实就虚，若驱群羊，此所以言兵也。"从这句话中可以看出，"实"就是指对手强大的地方，"虚"则是指对手较为薄弱的环节。避实就虚就是说，在作战或者竞争的时候，如果自己的力量不够强大，就不能采取硬碰硬的战略，而是应该集中力量，从对手较为薄弱的环节发起进攻，这样一来，就能够出其不意攻其不备，率先打开局面，然后再立足于"根据地"，一步一步地实现自己的目标。避实就虚，是一些有大志向但实力不足而又有智慧的人采取的战略。像著名的"农村包围城市"就是伟大领袖毛主席创造的"避实就虚"的革命策略。

在竞争日益激烈的市场经济社会中，我们可能会面临许许多多这样或者那样的竞争对手。如果和他们进行正面斗争，我们可能会因为实力不济而败下阵来。既然硬碰硬打不过人家，就不要再碰了，我们没有必要非得碰个头破血流。这个时候，我们不妨放松一下自己，告诉自己"心急吃不了热豆腐"，而后从侧面发起进攻。这种方式虽然可能会浪费我们一些时间，但是却是值得的，只要坚持走下去，就一定能够得到自己想要的东西。这种避实就虚、稳扎稳打的方式能够有助于我们实现自己的目标，因此，我们应该大胆使用之。

小赵和小屈是刚刚毕业的大学生。毕业后，小赵应聘上了一家公司的部门主管，而小屈却去了另外一家公司做了普通的业务员。他们的同学得知后，都夸小赵是一个有理想、有魄力、有抱负的人，嘲笑小屈是一个鼠目寸光、没有大志的人。小赵志得意满，小屈也不作任何解释。

高薪的职位虽然风光，但是风险也相对较大，很容易成为众矢之的。小赵坐在主管的位子上，虽然表面上十分风光，但实际上却苦不堪言。由于他的工作经验不足，很多高手看准了这一点，就频频发起进攻，最终将他"刺于马下"。小屈呢，由于自己的起点比较低，很少引起人的注意，因此，能够踏踏实实工作，积累经验。经过一段时间的锻炼之后，小屈的工作能力和交际能力都得到了较大的提高，他本人也受到了领导的赏识，因此，他被提升为部门主管。在部门主管这个位子上，小屈做得很成功。而小赵自从被挤下来之后，一直没有放弃自己的梦想，总想着再做回主管，却不屑于从最基层的工作开始做起。许多公司看了他的简历之后，都婉拒了他。

从上面这个案例中我们可以得知，有着同样工作能力的人，由于选择的不同，最终的命运也会有很大的不同。小赵走的是"直线"，刚开始的时候，他侥幸获得了暂时的成功。但是，由于工作经验欠缺、人际交往能力不足等各方面原因，他很快就被一些高手挤下了台。而小屈采用了"避实就虚"的方法，尽管他也非常渴望做主管，渴望得到高薪，但是他却没有那么急，因为他有自知之明，不愿意浪费时间去和那些高手竞争，而是选择从竞争较小的"侧面"岗位入手，然后在平凡的岗位上展示自己的才华，逐渐地实现了自己的理想目标。

在择业上如此，在其他竞争中也同样如此。比如，一个新建立的企业，要想在市场上立足，绝不能和那些大企业进行竞争，只能从那些被大企业忽视的角落里来寻找自己的商机。

小齐是一家新成立的机械制造公司的销售经理，他虽然坐着经理的位子，却整天愁眉不展。因为市场上的同类产品的竞争太过激烈，手下的员工也时常感叹："这一行是越来越难做了。"如果自己的业绩再没有起色，说不定哪一天老板就要炒他们的鱿鱼了。

为此，小齐自己也深入市场，进行深度调查。不看不知道，一看吓一跳。市场上所有的大商场几乎都被老品牌所占领。相比之下，只有酒店和居民楼没能入得这些"老字号"的法眼。小齐苦苦思索了一阵，决定采取避重就轻的战略，主攻这些不起眼的角落。于是，他在公司的大会上做了"改变作战方针"的报告，认为应该将主要力量集中在这些酒店和居民楼，避免和"老品牌"正面冲突，这一决定得到了公司领导的大力支持。

当新的作战方针投入市场以后，果然取得了明显的效果，几乎占领了所有的"二线市场"，不仅如此，他们对大商场等"一线市场"还逐渐有了种"以农村包围城市"的趋势。小齐也因此加了薪。

避开强大的竞争对手，就应该从对手容易忽视的地方入手，以开拓属于自己的市场。只有这样，才能避免出现鸡蛋碰石头的结局，才能实现自己的目标。避实就虚不仅仅是一种战术，还是重要的生存哲学。须知，只有生存下去，才有可能谈到理想和目标之类的话题，如果连最起码的生存都得不到保障，就更没有资格去谈论其他了。

无论是在职场竞争中还是在市场竞争中，我们面临的对手可能一个比一个强大，竞争程度可能也比我们想象的要残酷。要想在这样的环境中生存下去，我们就应该适时选择避实就虚的战略。

经营你的优势，让你更有竞争力

行走在这个社会中，我们要想取得一定的成就，就应该懂得发挥自己的长处，用自己独特的优势来获得胜利。其实，在这个世界上，成功者的成功方式和领域可能有所不同，但是他们却有一个共同的地方，那就是了解自己的长处，能够选择一个和自己的强项相结合的事业。他们从来不会和某些人一样，对自己缺少正确的认识，盲目地跟随在别人的后面寻找成功的道路。因为他们知道，做什么事都应该发挥自己的优势。一旦找到了和自己的优势相关的产业，就能够使工作变得非常轻松，从而成功的道路也越走越顺利。

从成功心理学的角度来说，判断一个人是否能够取得成功，最重要的不是看他取得了多大的成就，而是他是否能够经营自己的长项，是否尽最大限度发挥了这一优势。根据专家们的研究发现，人类存在着四百多种优势，这些优势的数量并不是最重要的，最重要的是一个人是否认识到自己的弱项是什么，长项又是什么，是否运用自己的长项去做一番事业。

在生活中，经常会遇到这样一些人，他们想拥有一番自己的事业，想获得胜利。但是他们却不清楚自己的优势在哪里，不懂得怎样去发挥自己的优势。他们常常喜欢跟在别人的后面找出路，习惯于从事一些热门但是却并不适合自己的职业。这样的人是没有任何智慧可言的，即使他付出了再大的努力，恐怕也无济于事。如果他还执迷不悟的话，恐怕此生再也没有出头之日了。

诚然，在做事情的时候，我们可以学习别人的经验，但是学习别人的经验不代表套用别人的模式。毕竟，每个人都是与众不同的，每个人都有自己的优势。要想成功，首先应该充分了解自己的性格特征，了解自己的优势所在，在认清自己的基础之上寻找一条走向成功的道路。只有做到了这一点，才有可能达成所愿。

赵家湾是黄海边上的一个小村子，赵良臣在这里长大。近几年来，有不少外地人到这里避暑、游玩，这里的旅游业一片红火。大量的外地游客，带来了大量的商机，有很多赵家湾的村民开始卖起了海鲜食品，赚了很多钱。很多人觉得做餐饮生意能够发财，于是就在赵家湾的街头建起了一个又一个的小吃店、小餐馆。尽管生意不是太红火，但总比打鱼种地的收入多。

赵良臣高中毕业后，他的父母准备凑钱开一家小饭馆，为他提供一个可以糊口的职业。但是，赵良臣根本不懂得烹饪技术，也不会下海捕鱼。如果选择开饭馆的话，只能聘请别人来做厨师，并且还要花钱去市场上买海产品，那样根本就挣不着钱。于是，赵良臣拒绝了父母的好意，开始寻找其他的赚钱之路。后来，经过一番调查，他发现沙滩上随处可见的贝壳可以制作成各种不同的工艺品，如果拿来出售的话，一定能够得到游客的喜爱。再者，他在上学的时候学过美术，对绘画、雕刻等方面也较擅长。于是，他就去海滩上搜集了大量的贝壳，然后买来各种颜色的油漆、黏合剂等，把这些贝壳设计成了十二生肖、山水风景、花鸟鱼虫等一系列造型。

之后，赵良臣带着自己设计的贝壳工艺品到各个景点去卖。游客们觉得这些工艺品非常有意思，也很有纪念意义，纷纷掏钱购买。当天，赵良臣就净赚了两百元。一年之后，赵良臣扩大了生产规模，成立了自己的"贝雕工艺中心"，到当地工商部门注册后，招了几个帮手和自己一起干，把产品卖到了全国各地。

在赵良臣的家乡，很多人都走着开饭店、卖海鲜的创业之路，他们也能够从中获取一定的经济利益。但是，赵良臣对鱼虾鲜贝没有兴趣，对烹饪技术感到陌生，如果不假思索就一头扎进去的话，注定会失败。然而，他对自己有一个比较清醒的认识，知道自己的长处是什么，于是就选择了一条适合自己的道路，最终为自己创造了成功的机会。

西德尼·史密斯说："不管你擅长什么，都要顺其自然；永远不要丢开自己天赋的优势和才能。"经营自己的强项，发挥自己的优势，是获得成功的法宝。在生活中，我们不能盲目地跟在别人的后面找出路，更不能妄自菲薄，把自己看得一无是处。一定要正视自己，了解自己的优势所在，明白自己适合做什么样的工作。只要能有效经营自己的强项，就能够获得成功。

俗话说"三百六十行，行行出状元"，任何一个职业或行业都有做大做强的可能。不过，"出状元"的前提是自己是否擅长这一领域，假如不擅长，哪怕你付出百倍的努力，恐怕也无济于事。因此，我们在选择职业或者是事业的时候，要发挥自己的优势，用自己的优势来获得最终的胜利。

灵活应对，有时不妨换个环境重新开始

一个人的成功，主要取决于他个人能力的强弱，同时也会受到一些客观条件的影响和制约。虽然某些环境不尽如人意，但是还能够给我们提供可以发展的空间，我们就应该用改变自己的方式来适应它，因为这样做是值得的，是能够使我们有所发展的。假如某些环境对自己起不到任何的促进作用，反而处处干扰自己的成长和成功，那么，就没有必要再选择坚守了。因为坚守是毫无意义的，非但会浪费我们的时间、精力和感情，还有可能使我们的理想走向破灭。在这种情况下，我们应该选择离开，寻找一个适合自己的环境，使自己拥有一个可以发挥才能的天地。

小郭是一家公司的主管，工作能力很强，为公司立下过汗马功劳。

但是，由于该公司是一家家族企业，公司的重要部门都被老总的亲信把持着，小郭根本就没有晋升的机会。因此，他感到非常苦恼。当初，小郭想，虽然自己不是"嫡系"，但只要自己努力工作，就一定能够得到老总的提拔和重用。可是，坚持了一段时间之后，他发现自己的想法过于幼稚，那些"皇亲国戚"非但不给他机会，还想着法子打压他。

俗话说"强龙压不住地头蛇"，在别人的地盘上，你的本事再大，也不可能压倒对方。小郭思考了一段时间之后，决定离开这家公司，寻找一个更适合自己发展的环境。于是，他向公司递交了辞职报告。

后来，小郭选择了一家新公司。来到新公司之后，没有了那些"皇亲国戚"的打压，他工作起来更加得心应手。在新公司里，他工作非常卖力，一方面不遗余力地去开拓市场，另一方面也在尽力地构建自己的人际关系。经过三年的努力，他已经成为该公司的顶梁柱。

从这个案例中，我们可以看到，在职场生涯中，要想获得更大的发展空间，除了要努力地工作之外，还要找到一个能够发挥自己才能的平台。如果选错了环境，哪怕你的工作再努力，你的成绩再优秀，你也很难得到自己想要的东西。

试想一下，假如小郭一直待在原来的公司里，会是什么样的结局，幸好，小郭理智地选择了退出，寻找了一个新的环境，经过不断的努力，终于走出了自己的一片天。

俗话说，"人挪活，树挪死""此处不留人，自有留人处"。如果你所处的环境不能为你提供发展的空间，也就没有必要固守一隅，在那里空耗时光，因为，你根本就耗不起。天下之大，公司如此之多，你完全可以改换门庭，寻找一个更适合自己发展的空间。

做人一定要灵活，要根据实际情况来选择适合自己的环境，唯有如此，才能使我们的人生有所成就。

此路不通，不妨换条路

我们都记得这样一句话："条条大路通罗马。"然而，很多人对它的认识仅仅表现在知道的层面上，却不懂得如何运用。在他们奋斗的过程当中，如果自己选择的道路出现了无法逾越的障碍，要么选择放弃，要么选择无谓坚持，却从来没有想过换另一条路试试。

在工作中我们经常看到这样的情况：同样的工作任务，有的人能够十分轻松地完成，而有的人在筋疲力尽、疲惫不堪之际仍然存在这样或者那样的问题。其中根本性的区别就在于，前者用脑子在工作，用智慧去想方法解决问题，能够寻找到更好更快的方法；而后者只停留在表面的肢体劳动中，遇到问题只知道固执地坚持，却没有想过抽出身来，寻找一条新的道路。假如我们想要顺利地解决面临的一些问题，想要成为事业和工作中的强者，就应该灵活一些。

此路不通，就应该尝试换一条新的路走。尽管新路也没有走过，可能会浪费一些时间，但是，只要能够达到想要的效果，就应该大胆去走。

一家公司的几个员工在为一栋刚刚竣工的大楼安装电线。在一个地方，他们需要把电线穿过一条25米长而直径只有3厘米的管道，这个管道还砌在砖石中，并且还拐了几个弯。几个员工对此都束手无策，觉得这项工作无法完成。

其中有一名员工突然灵机一动，想到了一个非常好的主意：他跑到市场上买了两只小白鼠，一只公的，一只母的。他在公鼠的身上绑上一根电线，并把它放在管子的一端。另一名员工则把那只母鼠放在管子的另一端，并且用手捏它，让它发出吱吱的叫声。这端的公鼠听到另一端母鼠的叫声之后，就按捺不住了，拖着那根电线沿着管子向前跑。当公鼠跑到母鼠面前的时候，两根电线就连接在了一起，穿电线的难题最终得到了圆满的解决。后来，公司老板听说了这件事，对想出这个点子的员工大大夸奖了一番。

　　一项行动能否取得圆满的成功，主要取决于实现目标的方法是否适当。在难题面前，一个意志坚强的人未必能够比脆弱的人取得更大的成功，这是因为意志坚强者在解决问题的时候也许只注重了坚持就是胜利，却常常忽略了变通。

　　人们常说"东边不亮西边亮"，在一条道路上碰壁，我们没有必要撞到南墙才回头，非得采取直接进攻的方式，而应该让自己冷静下来，动一下脑筋，想一想新的出路。一旦你愿意换一条新的道路，可能就会取得"柳暗花明又一村"的效果，一些看似没有希望的事情就会出现转机。

　　法国作家勒农说："你不要着急，我们所走的路是一条盘旋曲折的路，要拐很多的弯，兜很多的圈子，我们时常觉得好似背向着目标，其实，我们是越来越接近目标。"因此，当一些事情用一般的手段无法解决的时候，我们应该尝试换一条新的路，尽管从表象上看，这条路或许有点远，要费一些周折，但却可能引领你走向成功。

第11章

合作共赢：互助互利，借助团队的力量赢得成功

与他人并肩作战，增加成事的可能性

我们知道，狼和虎豹都属于野生的食肉动物，不过，狼和这些动物有一个很大的区别，那就是狼是群居动物，而虎和豹则属于独居动物。一山之中难见二虎，却能见到成群结队的狼。狼群在狩猎的时候，主要靠的是集体的力量，在这个集体当中，它们之间既有明确的分工，又有密切的合作，遇到比自己强大的对手，这些狼就会自发地聚集在一起，齐心协力来战胜对方。有许多大型的动物并不惧怕单独的狼，但是一群有着团队精神和配合默契的狼，足以让狮、虎、豹、熊等猛兽色变，足以使任何比其更为凶猛的猛兽汗颜。这些猛兽见到狼群也得退避三舍，这就是赫赫有名的狼群杀阵。

现今，在日益激烈的市场竞争中，狼的这种"团队精神"正被越来越多的人所关注。以前，有些外国人这样评价我们："一个中国人是一条龙，一群中国人是一条虫"，他们为什么会这样说呢？因为很多中国人不注重团结，经常内耗。在这一点上，狼远比我们优秀，它们懂得团结拼搏，和谐协作，共同发展团队精神，当它们聚集在一起的时候，就结成了一股令对手恐惧的强大力量。对于人类来说，要想达到自己的目标，就应该让团体的成员团结协作，明确自己在集体中的角色和作用，凡事以大局为重，不能计较个人一时一事上的得失。我们应该知道，团队的存在意义和最终目标就是创造出团队成员个人之间所能创造的价值总和的最大值。

如果我们能够依靠团队，和团队成员并肩作战，就能收获到单打独斗时所收获不到的东西，如果我们脱离了团队，必定会受到很大的损失。因此，我们应该主动地和别人并肩作战，为了共同的目标和利益，自觉地承担起应当担负的责任，在个人利益和团体利益发生冲突的时候，主动放弃或牺牲个人的利益。

大家都比较熟悉马云的故事。当初，他只不过是一个普通的大学教师，而现在却是中国最大的"电子商务帝国"阿里巴巴的缔造者。他的成功，无异于一个美丽的神话，感染了许多人。马云和他的团队创造了中国互联网领域中的许多"第一"：创办了中国第一个互联网商业网站——"中国黄页"，制订了面向中小企业的B2B电子商务模式，为互联网商务应用打下了基础；第一个中国网站全面推行"诚信通"计划，开创全球首个企业间网上信用商务平台；发起了著名的"西湖论剑"大会，并使该会成为中国互联网最大的盛会。马云带领阿里巴巴运营团队汇聚了来自全球220个国家和地区的1000多万注册网商，每天提供超过810万条商业信息，从而成为了全球国际贸易领域最大、最活跃的网上市场和商人社区。

他的成功和他的坚韧、坚持、智慧有着很大关系，但是马云自己却说，他能够获得如此大的成就，主要来源于他的团队的支持。当年，马云在开创阿里巴巴网站的时候，对计算机一窍不通，对很多电子商务的问题也知之甚少。但是，他却天生拥有领导能力，能够组成一个强大的团队。在这个团队中，马云和他的队友们精诚合作，充分发挥自己的智慧，形成了巨大的能量，从而取得了辉煌的成就。

团队合作精神已经成为这个社会的共识，团队合作的形式也越来越流行。不过，仍然存在着一些不识时务而又自命不凡的人，他们个人的能力可能要比别人优秀一些，但是他们却往往高看了自己的能力，认为只依靠一个人的力量就能够获得成功，因此，他们拒绝和别人合作，选择单打独斗，结果导致在社会上处处碰壁，从而离成功越来越遥远。他们忘了这样一个最简单的道理：一个人的力量总是有限的，只有主动融入团队中去和别人进行精诚的合作才能够有所作为。纵观历史，没有一个英雄人物是依靠自己走向成功的，他们的身边总会有一个团结高效的团队，为他们出谋划策，献计献力。正是在团队的帮助下，他们才得以青史留名。

有些自命不凡的人总认为自己是天才，天真地认为只要凭着个人的想象力和坚持不懈的努力，就一定能够获得成功。这种想法实在是太肤浅了，有着这种想法的人也实在是太幼稚了。须知，一个人也许能干，真正与对手斗起来，却未必能赢，但是一个团队就不同了，它们联合而成的力量，是我们所无法想象的。所以，不管是个人还是企业，不管你个人的能力是强还是弱，都应该联合能联合的力量，依靠团队来拼搏和奋斗。

团队成员，要有团队荣誉感

在日常工作中，我们应该建立一种高度的团队荣誉感。因为，有了团队荣誉感，我们就会树立"集体兴我光荣，集体衰我耻辱"的信念，做起事情就会充满激情，也会主动地和别人进行合作。有了荣誉感也就有了责任心，有了责任心也就有了强大的动力。荣誉感强的人，工作激情也必定会高人一筹，合作愿望也会更加高涨，取得的成就也会大一些。

曾经有人问三个正在工地上干活的建筑工人："你在干什么？"第一个人回答说在砌砖，第二个人回答说在砌墙，第三个人回答得比较有诗意："我在建设一座美丽的城市。"三个人做着同样的工作，但是他们给出的答案却有着天壤之别。之所以会有三种不同的答案，最关键的原因就是他们对荣誉感的认识不同。第一个人只想到了自己，眼睛只盯着目前所从事的工作，因此他工作起来毫无激情，只想机械地完成手头的工作；第二个人则想到了他们的建筑队，知道是建筑队里的一分子，在工作的时候，就会比第一个人负责，也能主动和别人配合；第三个人则想到了整个建筑行业，回答中充满了对建筑业的热爱和高度的荣誉感，故而在工作的时候充满了激情。

一个没有荣誉感的团队是一个没有希望的团队，一个没有荣誉感的员工也不可能成为出色的员工。无论你是在几十万人的大型企业还是在几十个人的小企业里，都应该具备团队荣誉感，应该为团队的荣誉而尽力工作。

赵建从事了四年的销售工作，业绩非常突出。后来，一家保险公司很看好他，准备请他担任销售总监。赵建对保险业没有兴趣，他认为，保险和实实在在的产品不一样，是骗人的，因此他婉言拒绝了。但是，保险公司的老总态度非常诚恳，给出的薪酬又很诱人，赵建只好勉强答应试一下。

这个保险公司里有很多销售总监，每个销售总监负责带一个团队。保险公司老总将赵建请来，目的就是想让他带领自己的团队创造出辉煌的销售业绩。可是，三个月之后，赵建的团队却让他大失所望，他所带领的团队非但没有取得好的效益，反而还不如其他团队。在他的团队里，每个人都萎靡不振，死气沉沉，毫无工作激情。老总非常纳闷，就向赵建询问情况。赵建老老实实地交代说，他觉得做保险就像在骗人，自己本身就对保险业有抵触心理。他连自己都说服不了，更没有办法说服别人。

老总听后，大为惊讶，于是耐心地告诉他，做保险并不是想象中的那样，是一份靠耍嘴皮子欺骗人赚钱的行业，而是一种完善的保障机制，也是一种正当的投资行业，对人的帮助非常大。只不过，社会上有很多人喜欢戴着有色眼镜看待保险业罢了。听了老总的解释，赵建开始了解，做保险能够给人们将来的生活带来保障，是一种很光荣的工作。

想通之后，赵建就对保险业有了正确的认识，对保险公司也有了极强的荣誉感。于是，他开始用各种方法将做保险的益处传递给他的团队成员。后来，他凭借超强的销售才能和对团队的领导，取得了不错的销售业绩，他带领的团队也居于领先地位。

看着自己的团队如此的出色，团队里的成员都很高兴，为能够成为这个团队中的一员而自豪，而大家也一扫当初的消极不满，开始尽心尽力地工作，同时团队成员之间也表现得非常团结。

团队荣誉感的产生，主要取决于一个团队是否强大。当一个团队足够强大的时候，这个团队里的每一个组织成员都会以团队为荣。不过，我们应该明白，团队是否强大，还要取决于团队成员是否努力，是否尽职尽责，对这个团队是否认同。如果团队成员没有丝毫的责任感，对团队没有丝毫的认同感，这个团队必定是一盘散沙，这个团队中的成员，也不可能创造出好的成绩。因此，当我们在一个团队中工作的时候，首先要考虑自己怎样做才能使这个团队更加强大。

在市场经济时代，人人都可以自由自在地选择自己的工作，可以"东跳西跳"，可是不管你如何"跳"，你都会进入不同的团队。如果你没有团队荣誉感，和团队的成员之间达不成良好的合作关系，你必将一事无成。在茫茫的市场大海中，你不能总是漫无边际地单独漂浮，而要登上驶往幸福之岸的团队之船，不论这条船有多大，你一旦登上这条船，就应该义无反顾地拿起划行的双桨，与众人统一步调按既定目标向前划。只有这样，你才能够有所作为，有所收获。故而，无论做什么工作，我们都要树立起高度的责任感和团队荣誉感。

互补互利，集众人之长

在日常生活中，有些人有着太重的"独行侠"心理，凡事喜欢单打独斗，不愿意和别人合作，更不愿意与他人互惠互利。他们大都崇尚个人英雄主义，独来独往，将所有的责任都一肩挑，既不愿意帮助别人，也不愿意让别人来帮助自己。他们认为这样做是潇洒的表现。如果让他们和别人合作，就会满肚子不乐意，因为他们觉得，和别人合作，就要考虑别人的意见和感受，还要照顾别人的做事进度和做事风格，这样会给自己带来很多麻烦。有这种想法的人，一般是才华横溢、能力超群之辈。不过，这种逞个人之能，不愿意和别人进行合作的做事风格却是不敢让人恭维的。因为他们过于自负，喜欢一意孤行，总觉得自己很了不起，单打独斗的时候不会觉得身单力薄，也没有发现自己的缺点，反而认为这样是"个性鲜明"的表现。殊不知，当他们陶醉在一个人的世界里的时候，却失去了别人的支持和帮助，也失去了改进自己使自己变得更强大的机会。

逞个人之能的"独行侠主义"是人生前进中的绊脚石。喜欢孤独，不愿意与人合作的人，不可能和别人进行良好的沟通，也不可能和合作伙伴进行默契的配合，更不可能会为团队的成长和发展作出积极又持久的贡献。无论他的能力有多强，最终都不可避免走向失败。美国苹果公司的创始人之一乔布斯是一个非常有能力的人，曾经有人这样评价他："我们就像小杂货店的店主，一年到头拼命干，最后才积攒了一点财富，而他却能用一个晚上的时间来超过我们。"乔布斯22岁的时候开始创业，创业之初，他一文不名，一穷二白，但是在短短的4年之后，就拥有了2亿多美元的财富。很多人都认为乔布斯是一个经商的高手，创业的天才。在别人的吹捧和赞叹之下，乔布斯开始飘飘然了，那些让人头痛的毛病也暴露无遗。

乔布斯骄傲自大，做事风格比较粗暴，非常看不起手下的员工，和别人在一起的时候，就像一个高高在上的国王。因此，公司的员工们都很怕他，像躲避瘟疫一样躲避他。很多员工竟然到了不敢和他一块乘电梯的地步，因为那些员工觉得，一旦和乔布斯同乘电梯，就会有电梯门还没有打开自己就被炒鱿鱼的危险。

一般员工不喜欢乔布斯倒也罢了，但是，就连他亲自聘请的公司高管——优秀的经理人、原百事可乐公司饮料部总经理斯卡利也非常讨厌他，甚至几次在公开场合宣称："苹果公司如果有乔布斯在，我就无法执行任务。"

两个人的矛盾越闹越大，最后竟然达到水火不相容的地步，公司董事会不得不研究两个人谁去谁留的问题。后来，董事会在公司里做了一项调查，结果绝大多数员工都坚决要求开除乔布斯，留下善于团结员工的斯卡利。最终，董事会作出决定，解除了乔布斯的全部领导权，只保留董事长一职。

为苹果公司立下汗马功劳的乔布斯的能力不可谓不强，但是，他太自负，看不起别人，不愿意和别人合作，凡事都喜欢按照自己的主观意志来。这种"刚愎自用"的做事风格，极大地打击了员工们的自尊心和工作积极性，同时也招致很多人对他的怨恨和不满。因此，也就对公司产生了很大的负面影响。后来，公司在忍无可忍的情况下，只好忍痛割爱，把他放弃了。

无论一个人的知识多么丰富，经验多么充足，但其能力总是有限的，他的个人力量也是很单薄的。要想让自己的才能得到最大限度的发挥，就应该主动和别人进行合作。只有和别人进行合作，才能够优势互补，实现效益的最大化。比如，一个医生，要想成功地完成一项手术任务，除了自己要具有精湛的专业技能之外，还应该和几个技术熟练的护士进行配合。如果他自认为医术高明，拒绝和护士合作的话，恐怕连一个小手术也做不成。因此，无论你的才华多么出众，技术多么纯熟，都应该保持一种谦逊的心态，主动和别人进行合作。

在生活中，也有一些人把和别人合作当成是依赖的表现，然而，他们却忘记了"众人拾柴火焰高""一木难支大厦"的道理。合作，绝不是丧失尊严地依赖别人，而是善于借力更快地达到目标的方法。须知，合作能够产生巨大的能量和力量。善于和别人合作不仅能为自己能力的发挥创造一个良好的客观环境，还能够在各方的相互帮忙之中产生一种新的力量。最成功的事业绝不是靠单打独斗得来的，而是在相互配合中造就的。如果

一个人的能力是航行在大海中的船只，那么，合作就是高扬在船头上空的风帆，推动着船只的前进；如果一个人的力量是东方的朝日，那么，合作就是四周的朝霞，两者共同描绘出美丽的景象。合作能够让我们在投入有限的精力后获得无限的成功，合作能够让我们每一个人更好地去工作和生活。故而，在工作和生活中，我们千万不能逞个人之勇，而应该学会互补互利，主动和别人进行合作。

绝对信任，内讧是扼杀团队凝聚力的最大杀手

内耗，就是"窝里斗"，这是人类一直无法克服的问题。无论是古是今，这样的悲剧经常上演。无论是为了生存，还是为了发展，内耗的方式是绝对不可取的。内耗，不但破坏了内部的团结，还浪费了大量的有效资源。即便有人在内战中胜出，等待他的也必将是一个烂摊子。要想收拾这个烂摊子，还要浪费更多的时间、精力和资源。在这个时间就是金钱、时间就是效益、时间就是机会的社会中，内耗就更不可取了，如果一个团体热衷于搞内战，那么，这个团体就离失败不远了。

哈萨克族中有这样一句谚语：团结的可贵，在敌人面前才会深知。社会越发达，竞争就会越激烈，我们所面临的对手也会越多。要想在激烈的竞争中胜出，除了具备个人坚实的素质之外，还应该搞好内部的团结，绝不能为了一己之私而破坏大局。比如，一个企业的员工，就应该对企业忠心耿耿，绝不能为了一些私怨而破坏公司的工作计划，更不能为了个人的利益而出卖企业的商业机密，也绝不能在公司出现困难的时候狠挖墙脚。

20世纪30年代初期，美国有一家公司遭到了金融危机的冲击，面临着倒闭的风险。当时，很多人都觉得公司已经日薄西山，无力回天，就选择了离开。公司员工急剧减少，这家公司也就成了一个空壳，就算有人继续

留下来，也没有什么希望了。因此，公司老总决定遣散所有的员工，宣告倒闭。正当公司老总准备宣布这一消息的时候，有三个年轻人却主动站起来承担起了兴业的责任。这三个人当中，一个有过人的技术，一个有一流的口才，还有一个拥有哈佛大学管理学硕士学位。他们向老总提出了一个要求，让公司再坚持一年。在这一年里，盈亏由他们三人负责。老总答应了他们的要求。

在这一年当中，三个人对公司进行了全面的营救，一个利用技术研究产品，一个利用口才到处跑业务，另一个则负责管理公司内务。尽管三个人在公司运营和管理上都有着自己的看法，但是，他们却并不自以为是，而是以大局为重，凡事都商量着来，绝不会因为存在分歧就退出公司。他们三人合作无间，常常加班到深夜。他们的努力，终于得到了回报。一年之后，公司的财政由亏损转向了盈利。三年之后，公司彻底恢复了元气，又达到了金融危机之前的规模。

该公司能够成功，当归功于这三个年轻人的聪明才智和不凡的能力。但是，其中最重要的还是他们密切的合作。他们有智慧与雄心，他们更有合作精神。他们把精力都用在了公司的运营上，根本就没有考虑过谁当老大，谁得利最多。故而，公司才能在最短的时间内转亏为盈。

在工作或生活中，我们难免会因为自己的利益而和别人发生争执，也难免会因为看法的不同而和别人发生争吵，这是很正常的，不过，我们万万不能将这些东西当成内讧的导火线，也绝不能以此为理由而给合作伙伴设圈套、下绊子。

善于沟通和互通信息有无，共谋发展

著名的励志大师卡耐基曾经说："一个人的成就，80%决定于与人沟通的能力，而专业知识只占有20%。"无论是在工作上还是在生活上，我们都需要和别人交换一下各自的想法，争取消除分歧，达成合作，谋求共同发展。沟通不仅需要单方面地表达个人的意见，还需要倾听对方的意见。因为，只有倾听了对方的意见之后，你才能够找到双方的分歧点和共同点，然后再通过有效的方法将自己的意愿移植到对方的心中，最后顺理成章地使双方产生共鸣。

一个善于沟通的销售员一定是一个业绩非常出色的销售员，因为顾客比较容易接受他；一个善于沟通的领导也一定是个好领导，因为下属比较容易相信他；一个善于沟通的演讲者也一定是个优秀的演讲者，因为听众比较容易认同他；一个善于沟通的合作伙伴也必定是个好的合作者，因为伙伴比较容易认可他。那么，我们怎样做才能与别人进行有效的沟通呢？可以从以下几点做起：

1. 态度要诚恳

没有感情的话，哪怕说得再漂亮，也会让人觉得是逢场作戏，虚情假意。当我们需要和别人沟通的时候，应该本着坦诚的态度，绝不能为了达到自己的目的而胡乱编造一些虚假的信息，更不能用不正当的手段来欺骗别人。和别人沟通的时候，可以适当地客气，但是，客气不是虚情假意。毕竟，"感人心者，莫先乎情"，有了真挚诚恳的感情，别人才会相信你，才会愿意和你进行沟通。

2. 从对方的兴趣入手

尽管，我们是为了自己的利益和目的才和别人进行沟通的，但是沟通的时候却不能以自己为中心。因为只有从对方的兴趣入手，对方才会对你的话感兴趣。这样才能消除彼此的隔阂，拉近彼此的距离。比如，在和别人交谈的时候，你没有必要急匆匆地直入正题，不妨讲一些题外话。例如看到别人刚刚做了一个新发型，可以适当地夸奖一下，这样一来能让对方感受到你对他的尊重，彼此也就能在友好的气氛之下进行沟通了。

3. 适当赞扬对方

有很多沟通是以寻求别人的帮助为目的的，既然是寻求别人的帮助，我们不妨对别人说一些赞扬的话。对方听了高兴，就会心甘情愿地帮助你了。

王小姐来到一家大型公司，准备劝说该公司老总和她们进行合作。见到老总之后，王小姐就对该公司的发展规模和经营理念进行了一番赞扬。总经理一听，觉得遇到了知音，就滔滔不绝地讲起了自己的"发家史""治厂经"。王小姐趁热打铁说："总经理，像您这样成熟稳健、思维慎密的人，真是前途无量啊。"一句话把总经理说得喜上眉梢。谈着谈着，两个人进入了正题。因为有了前面的铺垫，一切显得轻松多了。老总很快就决定和她们进行合作了。

4. 多替对方考虑

沟通绝不是为了获得单方面需求的满足。在沟通的时候，我们既要维护自己的利益，还应该多想想对方的处境，尽可能地站在对方的角度上去思考问题。知道了对方想要的东西之后，自己再稍微做出一些让步。这样一来，就很容易打动对方，会让对方在对你充满好感之余轻松愉快地同你合作。

有一次，美国的钢铁大王安德鲁·卡内基与布尔门铁路公司竞标太平洋铁路公司的卧车业务，两个公司为了能够得标，不断地减少报价，最后达到了无利可图的地步，再竞争下去，就有两败俱伤的可能。为此，卡内基决定与布尔门合作。

这天，卡内基遇见了布尔门，他热情地同对方打招呼，又平心静气地说恶性竞争对谁都没有好处。最后他说："我们两家何必相互拆台呢？不如联合起来，共同完成这项任务，只有这样，才能给两家公司带来利益。"

布尔门考虑了半天，说："假如我们合作的话，那么，新公司应该叫什么名字呢？"

卡内基未加思索就爽快地说："当然叫'布尔门卧车公司'啦！"这样，两人很快就达成了合作协议，两家公司在这项业务中都赚了一笔大钱。

别斤斤计较，心底无私天地宽

在这个竞争激烈的年代里，每一个人都有可能受到一些这样或者那样的伤害。在很多时候，我们可能会眼睁睁地看着自己的智慧结晶被夺走、劳动成果被窃取、爱情被摧残、成绩被埋没、人格被侮辱……当这些意外发生的时候，我们难免会伤心，会愤怒，这都是很正常的。不过，当愤怒的情绪过去之后，我们应该尽快地让这些不快消失，绝不能耿耿于怀，更不能为了出一口恶气而想方设法地去报复别人。为什么要这样说呢？因为处心积虑地报复别人虽然会给自己的心理带来一些暂时的快感，但是却会让我们失掉别人的支持和帮助，是得不偿失的。毕竟，有很多伤害是别人的无心之错，如果你抓住别人的错误不放，既显得自己心胸狭隘，还会让那些想和你重归于好的人望而却步，退避三舍。

俗话说得好，"冤冤相报何时了"，当你费尽心思去打击报复别人的时候，会使双方的矛盾进一步恶化，仇恨进一步加深。再者，你报复别人，别人可能也会采用更激烈的方式来报复你，使你受到新一轮的伤害。受到伤害之后，你不会善罢甘休，忍气吞声，还会想办法进行再一轮的报复。这样一来，你就会在报复和反报复的恶性循环中苦苦挣扎，也就没有了做事的时间和精力，到头来，除了一身的伤疤之外，什么都得不到。

别人对我们的伤害只会让我们失去一些暂时的利益，如果只是为了一些小事而怒火中烧、大动干戈、挥拳相向的话，很可能会赔上自己终身的幸福。因此，我们没有必要为了一些小事而对伤害到自己的人进行无情的打击，应该像狼一样，把心胸放宽一些，对人多一些宽容。因为，宽容对人对己都是有好处的，它不但能够抹去我们心头的不快，同时也能让对方产生愧疚，对我们产生钦佩之情，更可能会和我们建立深厚的友谊。

1754年，已经被提升为上校的华盛顿率领军队来到亚历山大市驻防。当时正赶上弗吉尼亚州的议会议员选举。其中，有一个叫威廉·佩恩的人坚决反对华盛顿支持的一个候选人。两个人为此发生了多次争吵，但是谁也没有说服谁。

有一次，华盛顿和佩恩两个人又在选举的问题上展开了一场激烈的争论。在争论的过程中，情绪激动的华盛顿因为一时口误，不小心说出了几句带有侮辱性质的话。脾气暴躁的佩恩见华盛顿如此不尊重他，怒不可遏，当场挥动手中的山核桃木手杖朝华盛顿打去。就这样，没有任何准备的华盛顿被打倒在了地上。华盛顿的手下看到自己的长官被别人打了，即刻走上前来准备为他报仇。华盛顿见状，赶紧阻止了他们，然后带着他们离开了现场。

第二天早晨，华盛顿托人给佩恩带去一封信，邀请他到当地的一个酒馆里会面。佩恩接到信之后，心中忐忑不安。他觉得此次华盛顿一定会要他道歉，如果不道歉的话，说不定还会发生一场恶斗。佩恩不想去，但又觉得如果不去，会被别人讥讽为胆小鬼，于是他硬着头皮赴约了。

佩恩在动身之前，做好了决斗的准备。不过，当他走到酒馆之后却发现，他看到的不是手枪而是酒杯。华盛顿看到他之后，从椅子上站起来，笑容可掬地欢迎他的到来，并且伸出手对他说："佩恩先生，我为昨天的鲁莽向您表示道歉。昨天的确是我的过错，请您原谅我的过失。当然，您在昨天的举动已经为自己挽回了面子，如果您觉得已经不再生我的气的话，就请您握住我的手，让我们做朋友吧。"

一件充满火药味的争执事件就这样获得了皆大欢喜的结果。从此之后，佩恩成了华盛顿的好朋友和坚定的支持者。

在和别人发生矛盾或冲突的时候，华盛顿的处理可以称得上是一个典范。因为他知道，如果因为别人伤害了自己而得理不饶人，想置对方于死地的话，不但会于事无补，而且还会失去一份弥足珍贵的友谊。如果能够化干戈为玉帛，用另外一种方式去"报复"别人的话，不但能够消除仇恨，还能够为自己增添魅力，树立威信。

路易斯密得说："也许在很久以前，有人伤害了你，而你却忘不了那件不愉快的往事，到现在还痛苦不堪，那就表示你还继续在接受那个伤害。其实你是很无辜的，你要了解到，你并不是世界上唯一有这种经验的人。赶快忘掉这不愉快的记忆，只有宽恕才能释放你自己，让你松一口气。"如果我们一直对于别人的伤害耿耿于怀，处心积虑地想着如何去报复对方的话，很可能会将自己的生活毁掉。

因此，在和别人交往的过程中，应该放弃过去的恩恩怨怨，用宽广的心胸来对待别人，学会化敌为友，争取得到他们的支持和帮助。这样的做法，从小处说，能够给自己带来各种有利的因素，可以推动事业的发展；从大处说，是一种至高的人生境界。

第12章

勇者无畏：勇敢向前，弱者才会胆怯和放弃

勇者无畏，用绝对的气势压倒对手

古人有句话"狭路相逢勇者胜"。两军在狭窄的道路上相遇，谁都无路可退，在这种情况下，谁有勇气，谁获胜的机会就大。这里的"勇气"就是一种大义凛然的气势。有了这种气势，就会让对方产生畏惧的心理，不战而降。

无论我们创业，还是工作，都会有狭路相逢的时刻，遭遇势均力敌的对手。在这个时候，你就应该鼓足勇气，以积极的心态来沉着应战，绝不能出现丝毫的慌乱和畏惧，而是要用强大的气势来压倒对方。当你做到了这一点，你的胜算就会多出几分。就像海明威笔下的老人和鲨鱼一样，风烛残年的老人面对强势的鲨鱼，没有丝毫的畏惧，当鲨鱼拼命地将他拖向大海的时候，他挥舞着手中的钢叉不断地向鲨鱼刺去。最后，鲨鱼被老渔翁的气势吓倒了，率先放弃了斗争，老渔翁获取了最后的胜利。

大义凛然的气势，就是一种无所畏惧的勇气，是一种坚韧的力量，它可以激发你的斗志，赐给你无限的力量，即使你的实力明显不如对方，但这种气势也足以把对方压垮。无论我们是在职场上，还是在商界斗争中，都应该具备这样的气势和勇气。

华为在刚刚成立的时候，只是一个注册资金仅有两万元的民营小企业，但是他们却以巨大的勇气换回了丰厚的效益。2001年，该公司的销售额高达255亿元，成为中国电子10大企业之一。华为不是进入通信领域最

早的企业，但却是最成功的企业。当初和它一起竞争的企业早已销声匿迹了，而它却越做越强。其中的秘诀就在于华为人有着无所畏惧的精神和咄咄逼人的气势。

勇敢是成功者的必备素质之一。竞争无时不有，无时不在。如果你没有勇气参加竞争，没有胆量和别人较量，那么你就会不战自败，成为一个失败的可怜虫。反之，有了超人的勇气和大义凛然的气势，你就能够在多次竞争中胜出，成功登上紫禁之巅！

我们都看过《亮剑》，里面的主人公李云龙这样说道："面对强大的对手，明知不敌也要毅然亮剑。即使倒下，也要成为一座山，一道岭。"这种亮剑的精神，就是超然的气势，它向泰山压顶一样，让对方吓破胆，自动放下武器向你投降。

无论做任何事，只要鼓足勇气全力以赴，就可能获得成功。如果你畏惧不前，作壁上观，只会被别人踩在脚下。须知每一个成就大事业的人，都不是胆小鬼，他们有着大无畏的勇气，最终这种气势帮助他们获得了胜利。

我们经常听到，"态度决定人生的成败"，为什么要这样说呢？这是因为，人不是被别人打败的，往往是被自己打败的。有些人还没有和别人竞争就先吓破了胆，认为对方太强大，自己太弱小，根本没有实力和别人竞争。是真的没有实力吗？非也，真正的原因是没有胆量而已，在很多时候，我们缺乏的不是实力，而是敢于"亮剑"的勇气。

曾有一部电影中讲到这样一个故事。有一个初入江湖的年轻人向"刀神"请教用刀的秘诀，刀神告诉他："千万别怕刀，因为刀向你劈来时，你要是害怕而躲闪的话，就会增强那把刀的杀气，那把刀就越是凶猛地向你砍来，你的刀法也会越乱，这就给了别人可乘之机，结局你不死都难。但如果你是直接迎向劈来的刀，就会减弱对方的杀气，别人手一软，你又扑了上去，那么就会打乱别人的阵脚，而你此时就会越战越勇，将你的力量发挥得淋漓尽致，这便得到了相反的结局。""刀神"的话告诉我们，和对手决战的时候，如果惊慌失措，胆小如鼠，哪怕你武功再高，也无济于事。如果没有恐惧心理，表现出来一种很强的霸气，即使你的武功不如对方，也会有取胜的可能。比刀如此，生活也如此。故而，在我们和对手进行竞争的时候，无论对手多么强大，都不要害怕，而应该积极应战，用强大的气势打垮他，征服他！

放手一搏，害怕失败真的会失败

世界上，在任何一个领域取得非凡成就的人，都是靠着不怕风险放手一搏的精神才走向成功的。因为他们知道，冒险精神是事业的坚强后盾，也是生存的必要法则。从某种意义上来说，我们的成长过程就是一个不断冒险的过程。在幼儿时期，我们冒着栽跟头的风险勇敢地迈出脚步，从而学会了走路。少年时期，我们又冒着摔倒的风险学会了骑自行车；长大之后，我们在一次次的冒险中学会了游泳、开车……如果我们对任何事情都有畏惧心理，不敢冒风险的话，恐怕我们连生活都不能自理了。想得到一些东西，学会一些东西，就应该有冒险的勇气。没有冒险的勇气，也就没有了动力，没有了动力，自然也就没有了行动。因此，无论面对何种风险，我们都应该克服自身的恐惧，迈着坚毅的步伐朝着未知的世界迈进，唯有如此，我们的生活才能丰富多彩。

恺撒在称帝之前是一名军事将领。他在领兵作战的时候，就以敢于冒险而出名。有一次，他奉命率领舰队前去征服英伦诸岛。

恺撒在出发之前，对舰队进行了检阅。检阅完毕之后，发现了很多严重的问题。随船远征的士兵人数少得可怜，他们的武器装备也破烂不堪，将士们的士气更是非常低落。这样的军队，简直就是一群乌合之众，让他们来和骁勇善战的盎格鲁撒克逊人交战，无异于以卵击石。

面对这样的情况，许多人都劝说恺撒停止这次军事行动。但是恺撒还是决定起航，向英伦诸岛进军。当舰队到达目的地之后，恺撒下令将士们全部走下战船，然后又将那些战舰全部烧毁。完成这些工作之后，恺撒召集全体将士进行训话，告诉他们，如果这次战争失败的话，他们要么成为敌人的刀下之鬼，要么葬身鱼腹。只有敢冒风险，全力以赴、奋勇向前，才可能有生还的机会。

将士们见状，知道只能前进不能后退，于是每个人都拼命地战斗。经过将士们的奋勇拼杀，终于打败了敌人。恺撒也因为这次战争的成功而获得了极高的威望，奠定了称帝的基础。

俗话说："置之死地而后生。"恺撒在这场战争中没有退缩，而是选择了冒着风险前进，最终取得了辉煌的战果。假如他在事前听从部将们的劝说罢兵而还的话，征服英伦诸岛的目标就不可能实现。

在这个世界上，从来没有万无一失的事情。变化着的世界带有很大的随机性，很多的要素事先难以全部掌握，如果我们一再强调谨慎行事，就难以迈开脚步追求成功。只有敢于冒险，才能够在追求事业成功的道路上畅通无阻。所以，要想在波涛汹涌的商海中自由遨游，非得有冒险的勇气不可。廉·丹佛说："冒险意味着充分地生活。一旦你明白它将带给你多么大的幸福和快乐，你就会愿意开始这次旅行。"一个人敢于冒险，就能抓住机会。不敢冒险，事业和人生就只能停滞不前。因此，我们应该摒弃过于谨慎的做事态度，在平常的生活中培养冒险的精神，有了冒险的精神，才能够抓住成功的机会，最终取得辉煌的胜利。

成功与财富，甚至你想拥有的每一样东西、每一项技能，都不可能非常轻松地得到。如果你想拥有这些东西，就应该有冒险的精神。哪怕失败了，也要坚强地站起来。如果你因为遇到了一些失败就心灰意冷，萎靡不振，被风险吓破了胆，那么，最终你必定一无所获。人类的每一次进步是以冒险精神为后盾的。从古猿勇敢地跳下大树的那一刻起，人们就无时无刻不在和风险做斗争。在斗争的过程当中，人类付出了很多代价，但是，人类却从来没有畏惧过，退缩过。正是因为有了这种无惧无畏的精神，人类才在短短的几十万年之内成为地球上最高级的动物。假如，每一个人都怕这怕那，不敢担当，不敢冒险，人类还会取得如此辉煌的成就吗？

在生活中，我们经常羡慕那些成功者取得的成就，认为他们是幸运的。其实，他们的幸运不是上天的眷顾，而是因为他们敢于冒险。一个敢于冒险的人，能够产生出巨大的勇气，在勇气的支配下，他们会付诸行动，最终走上成功的巅峰。因此，作为有志于成功的人，就应该有放手一搏的勇气，不能害怕任何风险。

关键时刻，承担责任需要勇气

在关键时刻站出来的人，是勇者。拥有这种精神的人，必定能够做大事，获得别人的尊重和支持。

于谦是明朝人。明英宗时期，任兵部侍郎。正统十四年秋，明英宗不顾臣下劝阻，率军出征，攻打瓦剌，兵败被俘。瓦剌首领也先趁机率大军围攻北京城。北京城内，大臣们乱作一团，不知如何是好。在朝廷会议上，有很多大臣主张迁都南京，避开也先军的锋芒。在这个时候，于谦站了出来，义正词严地训斥了这些贪生怕死之辈。他说："凡是主张南迁的人，都应该杀掉，京师是天下的根本，一旦动摇国家就会大乱，你们难道不知道宋朝南渡的情况吗？"他的说法得到了监国的郎王的支持。

在于谦的领导下，北京城内做好了防范措施。当时，京城之中最有战斗力的部队、精锐的骑兵都被英宗带走了，只有十几万人的老弱残兵。许多大臣对能否保护好京城没有十足的信心。不过，于谦并不害怕，他一方面发动北京军民做好防范，一方面又让郎王调南北两京、河南的备操军，山东和南京沿海的备倭军，江北和北京所属各府的运粮军，开赴京师"勤王"。看到于谦镇定的样子，朝廷上下就安定了许多。军民团结一心，冒死战斗，最后终于打败了也先的进攻，保证了北京的安全。

我们要想得到别人的支持，建立起个人的威信，就应该像于谦那样，不退缩，不逃避，为了国家和集体的利益而敢于站出来，承担起自己的责任。一旦我们做到了这一点，就能够让人产生钦佩心理，从而心甘情愿地听从我们的指挥，满心愉悦地和我们进行合作。如果我们是胆小鬼，没有胆量承担责任，别说建立自己的威信了，恐怕连别人的尊重都得不到。

在现实生活中，我们都想建立自己的威信，用威信来获得别人的支持和尊敬。那么，我们就应该有一种负责的精神。或许，我们的背景不如别人，我们的能力还没有得到别人的承认，在团体之中我们还在扮演着人微言轻的角色，不过这些都无所谓，只要我们有责任心，能够在关键的时刻站出来，就一定能够增加在别人眼中的分量，让他们接受我们，承认我们，尊重我们。

赵梅是一个农村家庭的女孩子，平时成绩优异，但为了节省家里的开支，她没有选择读高中上大学，而是选择了一所中专的文秘专业。毕业后，因为学历低总是被别人拒之门外。赵梅知道中专的水平不能适应市场的需要，所以，在两年半工半读的环境下，取得了高级文秘的大专文凭。

后来，赵梅带着自己的希望来到B城市。尽管在求职的过程中坎坷不平，但是赵梅还是凭着自己的毅力和能力，应聘到了一个文秘的职位。由于是自考得来的学历，总是受到同事们的轻视，赵梅暗下决心，一定要用实力来证明自己。

有一次，一个大客户来公司和老总洽谈业务，但是不知什么原因，该客户的态度突然变得很不友好，言下之意就是他这么大的订单，公司能不能担待得起，想必是让老总知难而退。这时，老总脸色也不好看，心想这个业务是泡汤了，还憋了一肚子气。这时赵梅把话题接了过来。老总本以为赵梅只是在帮他打圆场，挽回点面子，谁知赵梅话锋一转，通过有力的数据证明和战略分析，把客户说得不住点头。最终，将这张大单签了下来。

在客户走后，公司里响起了雷鸣般的掌声。从那天以后，赵梅得到了同事们的认可，而且还被老总提拔为总经理助理。

从这个案例中我们可以看出，要想在事业上有所建树，出身、学历不是最重要的，最主要的是要看你有没有站出来承担责任的勇气。只要你有这份勇气，就一定能够让别人承认你，接受你，尊重你。在职场中，总有那么一些人抱怨老总有眼无珠，埋没人才，哀叹自己时运不济，但是他们却从来没有想过是什么原因导致了这种情况。实际上，埋没自己的不是上司也不是同事，而是你自己。如果你能够用实际行动来证明自己，在关键的时刻挺身而出，为集体作出应有的贡献，恐怕就不会有人再看轻你了。

因此，你要想在职场中闯出一片天地来，就应该收起那些自怨自艾和黯然神伤，而是用勇气来证明自己的存在和价值，在关键时刻站出来，让别人对你刮目相看。

临危不乱，展现自己的绝对霸气

人们在遇到困难的时候，应该冷静对待，以便想出一个有效的办法来解决困难。能做到全身而退更好，如果做不到也要尽量地降低自己的损失。如果在困难和险境之中茫然无措，惶恐不安，不能采取有效的措施，那么，最终只能眼睁睁地等着噩耗的来临。古人说："为将之道，当先治心。泰山崩于前而色不变，麋鹿兴于左而目不瞬，然后可以制利害，可以待敌。"我们需要的，正是这种"泰山崩于前而色不变"的精神。

谁也无法预料明天和意外哪个会先来到。但是，我们可以保证在遇到意外的时候不恐慌，不茫然。一旦养成了处变不惊的态度，我们就能够拥有一种超然的霸气，也能够更好地取得成功。

楚汉之争的时候，两军对决，项羽一箭射中刘邦。刘邦疼得几乎无法站立。不过，为了稳定军心和震慑对手，刘邦忍痛将箭拔下，好像什么事都不曾发生一样。他非但没有痛苦之色，反而谈笑自若，笑骂项羽箭术太差，只射到了自己的脚上。不明就理的项羽被刘邦数落了一顿之后，顿时泄了气，率领手下离开了战场。等项羽离开之后，刘邦才把军医叫来，帮他疗伤。

这个故事虽然过去了两千多年，但是，刘邦这种处变不惊的态度却一代又一代地传了下来，成为人们的精神武器。

在职场生涯中，我们也会遇到很多意想不到的变故。当这些变故到来的时候，我们没有必要垂头丧气，情绪低落，而应该以淡然的心态来面对。哪怕是自己明天失业了，也要把今天的事情做好。

王平和李红是一家公司的员工。有一次，公司裁员，名单里出现了她们两个人的名字。按照规定，一个月之后，两个人就要离开公司了。得知消息之后，王平情绪十分低落，工作起来也提不起精神。她一会儿向同事们抱怨，一会儿又跑到领导的办公室里诉苦。几天下来，公司被她折腾得鸡犬不宁，同事见了她都纷纷躲避。而李红呢，却是另外一种情形。尽管她的心里同样不好受，但是她并没有任何的不满情绪。来到公司之后，她和以前一样认真地工作，好像什么事儿都没有发生一样。同事们觉得，再过一个月她就要离开了，谁也不好意思再麻烦她，就主动分担起了她的工作。可是李红并没有甩手不管，而是主动地找活干，积极地和同事们配合，用她的话说就是"要站好最后一班岗"。同事们见她如此开朗，心里轻松不少，还在工作之余与她聊天，开玩笑。

时间过得真快，转眼间，两个人都到了离开的时候。王平早早地收拾了东西，领完工资就走了，临走之前，还不忘狠狠地摔了一下门。而李红则是非常平静地收拾着手头的东西，收拾完毕之后，满脸微笑地和同事们道别。正当她准备离开的时候，经理走了进来，告诉她可以继续留在公司里工作。同事们听了都为李红感到高兴，纷纷向她表示祝贺，同时也向经理打听情况。经理告诉大家："这一个月以来，李红的表现改变了领导们的认识。领导们一致认为，她是一个不可多得的员工。在出现变故的时候，她没有丝毫的慌乱，也没有丝毫的不满，而是非常冷静和从容。我在这家公司待了这么长时间，还没有见过这样的员工，很多人在遇到变故的时候，都喜欢临阵脱逃。试想一下，公司怎么可能喜欢临阵脱逃的员工呢，像李红这样的员工，公司永远不会嫌多，也永远不可能开除。"

职场生活就是如此，没有一个领导喜欢临阵脱逃、没有责任感的员工，也没有一个领导不喜欢临危不乱、处变不惊的下属。我们要想得到领导的赏识和重用，除了要尽心尽力地做好本职工作之外，还应该锻炼出一种处变不惊的本领。无论面对什么样的变故，都不能惊慌失措，更不能抱怨和推卸责任，而应冷静沉着应对。面对困难不惊慌、不害怕，冷静下来后，采取有效的措施来解决，那么再难的事情也变得不难了。做到这些，你就具备了强者的风范。

战胜内心的胆小鬼，你就能成为强者

我们要想成为生活和事业上的强者，应该战胜内心的弱小，面对强大的敌人，不退缩，不动摇，不逃跑。可是，现实生活中的很多人，他们的表现并不能让人感到满意。他们不是没有理想，也不是不渴望成功，但是，他们总觉得自己的力量太弱小，能力太单薄，没有实力去追求梦想和成功。他们习惯把自己定在弱势群体的位置上，他们不是在一遍遍地鼓励自己迎接挑战，战胜困难，而是一遍遍地告诉自己，成功太遥远，自己永远不可能获得。这种心理是十分可怕的，哪怕对他们降低成功的标准，为他们创造好一切有利的条件，他们也没有胆量去追求成功。

其实，一切困难和限制只不过是人的心障罢了。只要打开心中的围墙，战胜内心的弱小，就一定能够超越自己，走向成功。卡耐基说过这样一句话："我想赢，我一定能赢，结果我又赢了。"在任何时候，想要获得成功，首先要做的就是让自己的内心变得强大起来。

布勃卡是著名的奥运会撑竿跳冠军。他曾经先后三十五次创造了撑竿跳高领域的世界纪录，迄今为止，他所创造的两项世界纪录尚未有人能够打破。

记者们经常问他这样的问题："你成功的秘诀是什么？"布勃卡回答说："很简单，就是在每一次起跳前，我都会将自己的心'摔'过去。"

布勃卡曾经有过不断尝试冲击新高度的经历，但是却经常以失败而告终。他对此感到非常的苦恼和沮丧，认为自己的潜力已经发挥到了极致，已经没有办法再取得新的突破。

他找到教练说："我实在跳不过去了！"

教练听了之后，并没有训斥他，而是平静地问："你心里是怎么想的？"

布勃卡红着脸回答道："我只要一踏上起跳线，看见那根高悬的标杆时，心里就发慌，腿也跟着发抖。"

教练听他说完，突然大声地说道："布勃卡，你现在要做的就是闭上眼睛，先把自己的心从标杆上'摔'过去！"

教练的厉声训斥，让布勃卡如梦初醒，又重新树立起了信心。

他按照教练的吩咐，又重新撑竿跳了一次。这一次，他竟然轻松地飞身而过。于是，一项新的世界纪录又被打破，他又一次超越了自我。

教练看到之后，欣慰地笑了，拍了拍布勃卡的肩膀，语重心长地说："记住，先将你的心从标杆上'摔'过去，你的身体就一定会跟着一跃而过。"

许多人之所以走不出各式各样的阴影，并不是因为他们在先天条件上和别人相差许多，而是因为他们给自己设定了太多的限制和框框，在思想上进入了一个误区。他们常常觉得自己微不足道，没有多大的能量，不可能获得成功。一个人一旦有了这样的想法，就等于抛弃了成功和梦想。既然他抛弃了成功和梦想，成功和梦想又怎么可能青睐于他呢？

行动永远要比计划重要。假如我们想对现状有所改变，就应该有所行动。即便自己的能力和条件真的不足，也不要有所顾虑。只要能够摆脱畏惧的心态，积极地付出行动，就一定能够让生活和事业走上正常的轨道。当你战胜了内心的弱小之后，就有可能创造出让人难以想象的奇迹。

乔治·丹特在加利福尼亚大学伯克利分校读硕士的时候，有一次上课迟到了。他走进教室，匆匆忙忙地抄下黑板上的两道数学题。他认为，这是教授给学生们留下来的课下作业。为了完成这两道数学题，他冥思苦想了几个晚上，一直没有结果。但是他不愿意让教授对他表示失望和不满，就一直坚持着。

几天之后，他终于解开了那两道难度很大的数学题。他把作业带到教室并放在教授面前的桌子上。

一天早晨，尚在睡梦之中的乔治被一阵急促的敲门声惊醒，他打开房门的时候，发现教授站在那里，脸上带着兴奋的表情。他满腹狐疑，还没有张口问什么事，就听见教授大声地说道："乔治，乔治，你把那两道题都解出来了，你实在是太厉害了！"

看着欣喜若狂的教授，乔治满脸迷惑："是啊，我解出来了，那不是您留的作业吗，值得您大老远地跑来告诉我这件事吗？"经过教授的一番解释，乔治才明白，原来黑板上的那两道题并不是什么课下作业，而是数学界里有名的难题，许多有名的科学家经过多年的努力都没能解决。乔治用了几天的时间就把难题解开了，让教授感到有些不可思议。

后来乔治说："如果事先有人告诉我这是两道数学界著名的难题，或许我就没有勇气去试着解它们了。"

从这件事中我们不难看出，行动能够创造出惊人的奇迹，本来一些事情看起来是非常困难的，但只要没有畏惧的心理，能够付出积极的行动，就能够得到顺利的解决。假如做什么事都畏首畏尾，哪怕是最简单的任务你也无法完成。

有些人无法达到一定的人生高度，是因为他们的"心理高度"太低。一个人能否成功，能取得多大的成功，并不是别人说了算，而取决于如何认识自我，取决于自己的勇气有多大。因此，我们做事的时候，要有良好的心态，绝不能给自己设下太多条条框框，要不断地激励自己，相信自己，不断地去攀登人生的高峰。

毫不畏惧，你就能打开人生更多的新局面

在这个竞争日益激烈的现代社会中，要想更好地生存和发展，就应该有无所畏惧的精神，这样人生就会为你敞开更多的大门。

行为科学上认为，人的行为95%以上都是按照思维行事的。如果一个人的思维出现了问题，那么，他的行为有95%以上会出问题。如果你认为自己做任何事情都感到恐惧，认为自己不行，那么，你必然是一个失败者。这是因为，你在认为自己不行的时候，就在意识上将自己定位为一个失败者。一个人把自己定为失败者，是没有任何理由获得成功的。

从前，有两个和尚，一个很贫穷，一个很富有。穷和尚瘦骨嶙峋，连一件像样的衣服都没有。富和尚脑满肠肥，大腹便便，有很多家产。

有一天，穷和尚找到富和尚，对他说："我打算过几天到南海去一趟，你觉得怎么样啊？"

富和尚感到不可思议，夸张地打量了一下穷和尚，用十分傲慢的语气对他说："南海是一个好地方，我很早就想去那里了，只不过到现在为止，我还没有足够的条件。你这吃了上顿没下顿的穷酸相，想去南海岂不是异想天开吗？我问你，你凭借什么东西去南海呀？"

穷和尚说："一个水瓶、一个饭钵就足够了。"

富和尚听了，笑得前仰后合，指着穷和尚说："你以为南海就在山脚下啊，只需要一顿饭的时间就走到了。去南海来回需要好几千里路，来回需要两年，再者，路上会遇到很多的艰难险阻，如果没有充足的准备，说不定你会客死他乡。如果你想去南海的话，还是等一段时间和我一起去吧。等我准备了充足的粮食、医药、用具，再买上一条大船，找几个水手和保镖，就带着你一起去南海。你仅凭着一个水瓶和一个饭钵就想去南海，简直是白日做梦，我劝你还是算了吧。"

穷和尚听了富和尚的嘲笑，没有和他争辩。第二天，他带着水瓶和饭钵踏上了去南海的路。一路上，他将这两件东西当成最重要的旅途用品，遇到有水的地方就盛上一瓶水，遇到有人家的地方就去化斋。尽管路上遇到了很多艰难困苦，但是他始终没有放弃，一直朝着南海前进。一年之后，他终于到达了目的地。

两年后，穷和尚带着一个水瓶、一个饭钵从南海归来，不过，此时的他，已经不再是当初那个没有见过任何世面的穷和尚了，而是一位阅历丰富、知识渊博的禅师了。

两个和尚之中，富和尚最有资本去南海，但是他却心存恐惧和不可能的思想，从而找出了准备不充分、困难太多等理由来为自己的胆怯做掩饰。其实，他的顾虑也好，想法也罢，是因为他把自己定在了失败者的位置上。而穷和尚有去南海的打算，虽然他的条件不如富和尚，但是他却无所畏惧，敢于将自己的打算付诸行动，故而，最终获得了成功。

生活中，那些畏首畏尾、惧怕困难的年轻人所缺乏的不是能力的培养和知识的积累，而是做事的勇气。他们在自己的周围筑起了一道道围墙，一个人龟缩在围墙之内，不敢越雷池半步，最终导致一事无成。当一个人怀着恐惧的心态把自己放在失败者的位置上之后，即使他拥有丰富的知识、睿智的头脑、强壮的体格，也没有任何意义。因此，我们要想成功，就应该有无所畏惧的心态，树立起必胜的信心，这是成大事必备的心理基础。

做人要有傲骨，绝不因为他人的打压而害怕

在现实生活中，有很多人。一旦身处逆境，遭受打压或是凌辱，他们不是想着如何捍卫自己的尊严，而只知道一味地妥协。他们觉得，只有妥协才是最现实的做法，只有妥协才能保持生活的宁静。实际上，当你一味妥协的时候，别人可能会更加看不起你，更加会变本加厉地凌辱你、欺负你。一旦到了无路可退的时候，你还会一厢情愿地想着息事宁人么？

历史学家吴晗在其著作《谈骨气》中这样说道："什么叫骨气，指的是保有正确、坚定的主张，始终如一地、勇敢地为当时的进步事业服务，遭遇任何困难，都压不扁、折不弯，碰上狂风巨浪，能够顶得住，吓不倒，坚持斗争的人。"骨气，是中国人的基本特征之一。无论遇到什么样的情况，我们都应该做一个有骨气的人。

1919年至1927年间，徐悲鸿先生在西欧国家留学。当时的中国，正处在北洋军阀统治期间。各个军事力量之间互相混战，百姓食不果腹，国家贫穷落后。中国在世界上没有任何地位，中国留学生在外国也常常受到一些人的歧视。

有一次，在巴黎的一次留学生聚会上，有一个法国学生醉醺醺地站起来，大声地说："中国人是低等民族，愚昧至极，只能当亡国奴。别说在法国留学了，就是把他们送到天堂去深造，也成不了才。"这时候，坐在一旁的徐悲鸿被激怒了。他站起来，对这位法国学生说："先生，既然你认为中国人是愚蠢的，那么好，我现在和你打个赌。我代表中国，你代表法国，我们比一下，等学习期满的时候，看看谁是真正的人才，谁又是蠢材！"

从此之后，徐悲鸿学习比以前更加努力。他常常带上一块面包和一壶水，去巴黎各大博物馆临摹大师的绘画。在博物馆里，他一呆就是一整天，不到闭馆绝不出来。他勤奋好学的精神感动了当时著名的画家达仰。他非常器重这位中国年轻人，主动邀请徐悲鸿到他家里做客，在他的画室

里画画，并且免费为徐悲鸿做指导。

有志者，事竟成。经过不懈的努力，徐悲鸿取得了优异的成绩。在巴黎国立高等美术学校举行的几次考试和竞赛中，徐悲鸿每次都能获得第一名。1924年，在老师和朋友们的帮助下，徐悲鸿在巴黎举办了自己的油画展，轰动了整个法国的美术界。人们提到徐悲鸿的名字就纷纷竖起大拇指，称赞他是一个了不起的中国人。后来，那位在众人面前辱骂中国人无能的法国学生，亲自来到徐悲鸿的面前，向他道歉。这位法国学生说："徐悲鸿先生，你是个了不起的天才，我认输了。"徐悲鸿却说："我不是天才，因为我心中装着我的祖国，是她，给我力量和智慧。祖国在我心中是神圣的、伟大的，任何人都不能侮辱我的祖国。"

"人不可有傲气，但不可无傲骨。"这是徐悲鸿先生的座右铭。无论遇到什么样的情形，他都不退缩，不躲避，不委曲求全。在国外是这样，在国内也是这样。回到祖国之后，他没有被高官厚禄所诱惑，拒绝为蒋介石画像。坚持自己的做人原则，走自己的路，用自己高超的技艺为国家服务，为中华民族增光。徐悲鸿先生的这种精神，正是我们应该学习的。

傲骨不等于傲气。有傲气的人会趾高气扬，目中无人，容易招致别人的轻视和不屑。但是，有傲骨的人，却只会让人感到亲切和蔼，感受到他内心的力量和尊严。傲骨，是一种人格、一种素养、一种风度、一种气质，是一种境界。有傲骨的人，不但能够坚强地走自己的路，也能够影响别人，感染别人。无论是对人还是对己，都有着很好的推动作用。

傲骨，是胸怀大志者的通行证。拥有傲骨，也就拥有了登高望远、天阔地广的襟怀，更拥有从善如流的大家风范。拥有傲骨的人，从来不会用贬低别人的方式抬高自己，更不会因为别人的嘲笑而自我贬低。他们知道自己需要什么，知道如何做才能维护自己的尊严。在遭受打压的时候，他们不会屈服，而是奋起抗争，用实际行动改变别人对自己的印象。人，一旦拥有了傲骨，也就拥有了百折不挠、奋力拼搏的信念。

参考文献

[1]王巍. 赢在气度，胜在格局[M]. 北京：中华工商联合出版社，2019.

[2]王辉. 气度决定格局[M]. 北京：台海出版社，2018.

[3]墨墨. 做人要有气度，做事要有尺度[M]. 北京：北京理工大学出版社，2011.

[4]牧之. 做人有气度，做事有尺度[M]. 北京：工人出版社，2017.